The
Emotionally
Absent
Mother

为何
母爱会伤人

Jasmin Lee Cori

[美] 贾丝明·李·科里 著

于玲娜 邓莹 译

北京联合出版公司
Beijing United Publishing Co.,Ltd

图书在版编目（CIP）数据

为何母爱会伤人 /（美）贾丝明·李·科里著；于玲娜，邓莹译. —北京：北京联合出版公司，2020.1（2020.10 重印）

ISBN 978-7-5596-3646-1

Ⅰ.①为… Ⅱ.①贾… ②于… ③邓… Ⅲ.①心理学—通俗读物 Ⅳ.①B84-49

中国版本图书馆 CIP 数据核字 (2019) 第 214595 号

The Emotionally Absent Mother
Copyright Jasmin Lee Cori, 2010, 2017, 2020
Originally published in the U.S. in 2017 by The Experiment, LLC. This edition is published by arrangement with The Experiment, LLC.
All rights reserved.
Simplified Chinese rights arranged through CA-LINK International LLC (www.ca-link.cn)

为何母爱会伤人

作　　者：（美）贾丝明·李·科里
译　　者：于玲娜　邓　莹
责任编辑：喻　静
封面设计：奇文云海工作室

....

北京联合出版公司出版
(北京市西城区德外大街 83 号楼 9 层　100088)
北京联合天畅文化传播公司发行
天津光之彩印刷有限公司印刷　新华书店经销
字数 206 千字　880mm×1230mm　1/32　10.5 印张
2020 年 1 月第 1 版　2020 年 10 月第 2 次印刷
ISBN 978-7-5596-3646-1
定价：54.00 元

....

版权所有，侵权必究
未经许可，不得以任何方式复制或抄袭本书部分或全部内容
如发现图书质量问题，可联系调换。质量投诉电话：（010）88843286/64258472-800

对本书的赞誉

贾丝明·李·科里以慈悲和通透之心，描述了母爱缺失的影响，以及怎样克服它们。她的书对认真为孩子创造有爱环境的新妈妈、终于想要填补心中空洞的成年子女，以及有兴趣理解和治疗养育创伤的临床医生都很有价值。

——伊夫琳·巴索夫博士
心理治疗师，《母亲和女儿：爱和放手》作者

本书对我们这些缺乏足够养育的人是种启示。作者以细腻而可信的方式，将发展原则编织成一种富有同情心的理解，阐明了母爱缺失意味着什么。

——康妮·道森博士
《重新长大：养育自己，养育我们的孩子》合著者

贾丝明·李·科里出色地描述了儿童依恋需求的重要性，以及当情感缺席的母亲不能很好满足这些需求时造成的心理创伤。她巧妙地安排了受伤的成年人可以采取的清晰步骤，以确定他们的内在力量，

治愈依恋性创伤。我诚意推荐这本书，给那些希望理解和治愈由情感缺席的母亲抚养带来创伤的人。

——雪莉·让·施密特

硕士，注册心理咨询师

《发展需求满足策略：给有童年创伤和依恋创伤的成年人的自我状态疗法》作者

贾丝明·李·科里以慈悲而坚定的声音，引领读者穿越缺乏充分情感养育的成年人所面临的困境。她依靠个人经验和心理治疗实践，提供洞察力和工具，帮助读者克服痛苦的童年的挑战，充分享受成年生活的乐趣。

——凯瑟琳·布莱克

硕士，注册心理治疗师

《没有指南的养育：寻找内在的好妈妈》作者

这本书驾轻就熟地将神经科学和临床洞察交织在一起，成为具有非凡深度的好作品。贾丝明·李·科里在对母职重要性引人入胜、令人心碎的分析中，创作了一部和爱丽丝·米勒的《童年的囚徒》一样重要的作品。它易读而且非常有用，是准父母、职业助人者和受到父母忽视创伤的成年人的必读之书。

——凯特·克劳利

南加州大学兼职教师，婴儿心理健康专家

致从缺失中侥幸存活、
没有母亲的孩子。
本书为你而写，
即使母亲就在那里。

妈妈,你在哪儿?

最初的蹒跚学步

我摇摇晃晃站在那里,如此骄傲

像雏鸟学飞一样欣喜若狂

当我回头望,笑容将要绽放时

我却找不到你

妈妈,你在哪儿?

第一天上学

登上那辆嘈杂、笨重的巴士

去一个陌生的地方

孩子们拥挤着，大人们目送着

对我来说，整个世界都是新的

妈妈，你在哪儿？

第一次哭着回家

成为孩子们的笑柄

他们的话仍在我脑海中刺痛着我

本希望得到一些安慰

你却沉默着

你在老照片里

却不在我的记忆里

我不记得有人拥抱过我、安慰过我

没有一个特别的时刻，只有我们俩

我不记得你的味道，和被你触摸的感觉

我记得你眼睛的颜色

和眼眸深处的痛苦——

痛苦常常隐藏起来

就像面具下其他东西一样

我无法进入

你看着我,却没有看见我

你的温暖从未进入我这个小女孩的心

为什么我们错失了彼此,妈妈?

你在哪儿?

这是因为我吗?

——JC

目录

第二版导言 —————————————————— 1

第一部分　我们对母亲的需要

1. 母亲的养育 —————————————————— 9

母亲是生命之树・9

我们源自母亲・11

谁能承担母职？・12

足够好的妈妈・13

好妈妈传达的信息・15

"好妈妈信息"缺失时会发生什么？·19

缺失母爱意味着什么？·23

2. 好妈妈的多个面貌 —————————————24

作为源泉的母亲·26

作为依恋对象的母亲·27

作为第一响应者的母亲·29

作为调节器的母亲·31

作为养育者的母亲·34

作为镜子的母亲·36

作为啦啦队长的母亲·39

作为导师的母亲·41

作为保护者的母亲·44

作为大本营的母亲·46

3. 依恋：最初的基石 —————————————48

依恋如何形成，什么是安全依恋？·49

为什么依恋如此重要？·50

怎么知道和母亲是不是安全依恋？·53

如果你没有建立安全依恋呢，那会是什么样？·54

什么是依恋创伤？·60

也许你对母亲不是安全依恋，但这真的是她的错吗？·60

如果你过去只是建立起部分的安全依恋，现在还能发展出完整的安全依恋吗？这对你有什么帮助？·62

识别依恋对象·62

你的依恋类型是什么？·63

你有不止一种类型吗？·66

你和母亲的关系真的会影响以后的关系吗？·66

改变依恋模式有多难？·67

4. 更多模块 —————————————————— 69

安全感·69

幸福的家·71

出了问题是可以解决的！·72

归属感·73

自我的萌芽·74

成长环境·75

支持孩子做孩子·77

触摸·78

爱是媒介，是信息·80

第二部分
当养育方式出错时

5. 妈妈,你在哪儿?―――――――――――――――85

母亲失职留下的空洞·85

对母亲身体在场的需求·88

母亲情感缺席时会发生什么?·89

母亲为什么会情感缺席?·92

孩子如何解释妈妈的缺席·93

只有母亲的家庭·95

为什么有些孩子受的苦更多?·95

相互对峙·97

6. 和情感缺席的母亲一起生活 ――――――― 100

那个戴面具的女人是谁?·100

母亲给予的很少·102

缺乏指导·103

错失的联结·104

机器妈妈·106

有人看着吗?有人关心吗?·108

一无所知·109

无处求助·110

感觉自己像个没有母亲的孩子·112

没有船锚·113

没有母亲,就没有自我·114

7. 童年情感忽视和虐待 —— 116

什么是情感忽视·116

情感虐待有什么不同?它会和情感忽视同时出现吗?·118

有多糟糕呢?·119

童年期情感忽视的影响·121

情感虐待的更多影响·128

8. 母亲出了什么问题? —— 138

她不知道怎么做会更好·138

她情感封闭·139

她从未长大·141

为什么母亲无法给予·142

她有心理疾病吗?·143

小心母亲的愤怒!·147

刻薄的母亲·148

"疯狂"的母亲·149

母亲变化的脸·150

不懂关系的母亲·151

母亲在避免看见什么·152

第三部分
治愈养育的创伤

9. 治愈的过程 —— 157

掩饰·157

发现创伤·158

将"缺点"定义为赤字·160

处理你的感受·160

写日记·163

愤怒的治愈力量·165

悲伤·168

告别过去·171

10. 和"好妈妈的能量"联结 —— 173

向"好妈妈"敞开心扉·173

原型·174

意象和符号的运用·175

来自圣母的帮助·176

接受好妈妈的"好"·178

寻找好妈妈的第二次机会·179

和伴侣一起满足滋养的需求·180

重复过去·183

安全浪漫依恋的治愈力量·185

你的便携式好妈妈·187

11. 聚焦内在小孩的治愈工作 —————————— 189

内在小孩治愈概论·190

孩子是自我之母·192

"各部分工作"·193

礼物和负担·197

当内在小孩的治愈工作变得复杂·198

船上没有足够的成年人·199

混乱的系统·200

现在的困境来自当时的困境·201

为母亲解锁·202

成为自己最好的母亲·207

为"孩子"创造安全的处所·211

共处的时光·212

处理"好妈妈传达的信息"·213

治愈不被爱的孩子·215

改变你的心智·216

12. 心理治疗：母亲的议题和母职的需求 —————— 217

和好妈妈的相通之处 · 219

以依恋为导向的治疗工作中一些特殊的问题 · 221

治疗中的身体接触 · 223

重新养育 · 224

从孤立到安全依恋 · 228

从挫折到满足 · 231

作为"母亲范例"的治疗师 · 231

给治疗师的建议 · 232

13. 更多的治疗步骤和实操技巧 —————— 235

识别特定的"空洞" · 236

采取积极主动的做法 · 238

缺乏支持的空洞 · 240

现在就去获得支持 · 242

找到自己的力量 · 246

保护珍贵的东西 · 247

展现自己并被看见 · 249

网中的一席之地 · 250

徜徉在情感世界里 · 252

情感风格和照顾模式 · 255

悦纳自己的需求 · 255

培养亲密的能力 · 258

接受有益的触摸 · 259

走出被剥夺感 · 259

接纳好的东西 · 261

练习好好照顾自己 · 263

通用补剂 · 266

14. 改写你的故事 —————————————— 268

母亲的故事 · 269

你的故事 · 273

你们之间的共舞 · 274

评估可能性 · 274

保持礼貌但有距离的关系 · 276

加强边界 · 276

说出真相 · 279

离开母亲 · 280

感受内在的分离 · 282

走向更健康的关系 · 282

我该宽恕吗？ · 284

如果我没得到良好的养育，能成为好父母吗？ · 287

拥抱你的进程/拥抱你自己 · 289

治愈有尽头吗？· 290

附录

三种母亲，三种信息：可视化的指导 · 295

注释 · 300

资源 · 308

致谢 · 315

第二版导言

　　生活中很少有像我们对母亲的情感那样深刻的体验。其中一些情感的根源迷失在前语言期经验的黑暗之处。一棵大树的树枝伸向各个方向，其中一些会赶上阳光普照的好机会，另一些则可能不幸被折断，留下尖锐而参差不齐的边缘，并受困其中。母亲不是一个简单的话题。

　　无论是在文化还是心理层面，我们对母亲的情感都常常是反复无常、矛盾纠结的。"妈妈和苹果派"是强有力的象征，在我们美国的民族心理中受到尊崇，却在国家政策中被忽视。例如，与其他发达国家相比，我们的家庭休假政策存在不足。如果我们真的重视母职，除了教育，就该为母亲们提供更多的经济和家务援助。母亲看似被置于神坛上，其身后却几乎没有得到任何实质上的支持。

　　作为成年人的我们意识到了这个问题。我们中大部分人都会觉得，母亲是值得尊重的，却没有意识到母亲做的事总被视为理所当然，她们的牺牲从未受到重视。然而，我们中的许多人都暗暗地（或明显地）对我们从母亲那里得到的感到不满，并心怀怨恨——无

●

论她们有没有过错——她们没能满足我们的一些重要需求。而我们正在为此付出代价。

这些是敏感话题，无论对母亲还是对我们所有人而言。有些人为了不让母亲受到批评，就批评那些发表不满意见的人，指责我们怪罪母亲，仿佛我们不公地推卸了对自身苦难的责任。我不否认有些人可能用责备来分散注意力，而不在艰巨的治疗任务中承担责任；但作为治疗师，我更常看到的是，人们为了不再保护自己的母亲，必须克服巨大的内疚感和抵触情绪。似乎即便是在内心的私密空间，我们也不敢批评她。我们通过否认任何可能令人不安的事情，来保护内心的母亲形象，保护我们和她之间脆弱的关系，并使自己远离那些被排除在意识之外的失望、愤怒和痛苦。正如我要在接下来的章节里阐述的那样，许多人不敢揭示他们在母亲那里感到有所缺失这个令人痛苦的真相，因为他们还没准备好去面对在此之后的一切。

任何一种像母子之间那样复杂的关系都会爱恨交织。大多数孩子在需求或愿望受挫时都会感受到片刻的憎恨，然而许多孩子不敢表达这种情绪，因为他们和母亲的关系太脆弱了。几乎所有的孩子都对母亲充满爱，即使这种爱被掩盖或隔离。正如罗伯特·卡伦在他关于依恋研究的选集中雄辩地指出的：

> 几乎所有孩子，甚至包括受到虐待的孩子，都爱他们的父母。这是孩子的天性。他们可能会受到伤害，感到失望，陷入一种破坏性模式，以致失去获得自己渴望之爱的任何可能性，

但依恋，甚至是焦虑地依恋，就是身处爱中。每一年，爱可能一点点地变得更难以获得；每一年，孩子可能会更坚定地否认他想要联结的愿望；他甚至可能立誓不再理会父母，否认他对他们有一丁点爱；但爱就在那里，积极表达爱、把爱找回来的渴望也在那里，像燃烧的太阳一样隐藏着。[1]

卡伦的话一定程度上揭示了这种关系的复杂性。没有人会不渴望母亲的爱。

对那些做了母亲的人来说，母职也是一个敏感话题。第一次写这本书期间，当我把写的东西和那些身为人母的女性分享的时候，我察觉到了一些内疚感和防御心理。她们似乎想说："不要给我这么大的权力。在孩子的一生中，还有其他许多影响因素。他们最终变成什么样不全是我的问题。"这些都很真实。我们是带着惊人的个体差异来到世上的。还有童年时期的其他影响因素，包括出生顺序、与父亲的关系以及他是否称职，环境和遗传对孩子基本生理机能的影响，家庭动力和家庭中的重要事件（如重大疾病等），以及更广泛的文化上的压力。

尽管有这么多影响因素，但母亲的影响是无可比拟的。一个细心、有能力、有爱心的母亲可以帮助弥补其他许多不利条件，而缺少一个这样的母亲可能是最大的不利条件。因为如果母亲没有去做那必不可少、超乎寻常的工作，儿童在根基上就会存在严重缺陷。

●

　　我聚焦于母亲，不是因为母亲们需要更多的内疚感或堆积如山的责任，而是因为我们所得到的养育的质量强有力地塑造着我们的人生发展前景。我希望，理解这些影响能让我们更好地理解自己；最重要的是，完成阶段性的任务，并治愈失职的养育造成的伤害。

　　对于读者中的那些母亲或准母亲，希望我在此对母职的分析，以及对养育的关键部分的强调，有助于训练你的关注点。虽然母职的某些方面出于本能，并且由那些自身得到过良好养育的女性代代相传，但对许多女性来说，必须有意识地学习养育知识。如果你没有得到良好的养育，你的任务会有两重：治愈自己的创伤，并开启一种不同于你和你母亲的方式来与你自己的孩子相处。

　　我在自己的圈子和心理治疗实践中，遇到过那些没有被好好养大的成年人。刚开始工作时，我希望增进对他们的理解，于是发布信息召集"缺失母爱"的成年人进行访谈，很快收到了海量的回复。不出所料，我发现女性比男性更愿意和陌生人谈论她们的经历——尽管我的确是跟女性的接触更多。我的抽样调查没什么科学性，所以我不能声称已经从人口统计学或社会学的角度获取了"缺失母爱"的人的样本，但我认为，他们勇敢的、常常是颇具洞察力的自我暴露，对我们所有人都有一定的价值。我的一些研究结果在各章节中都有所体现，但大部分都在第六章"和情感缺席的母亲一起生活"里，我在其中描述了我的受访者所经历的童年环境，以及他们成年后面临的挑战。

　　在本书第一版中，我聚焦于由情感疏离的母亲抚养长大的影响。

本书首次出版以来，我对情感缺席的母亲有了更丰富的了解，也更懂得情感忽视和情感虐待是怎样经常交织在一起的。在这个扩展版本中，我进一步探讨了关于虐待的方方面面，以及实施虐待的母亲到底出了什么问题。

这本书目前有三个部分：第一部分考察了孩子需要从母亲那里得到什么。它着眼于良好养育的要素以及最初依恋的重要性。在第二部分，我们将了解，如果母亲出了问题，会导致什么结果，情感忽视和虐待会有什么影响，以及是什么导致母亲以这样的方式令孩子失望。第三部分涉及疗愈的主题。对疗愈过程进行概述之后，将用几个章节深入探讨心理治疗，包括重新养育你内在的小孩，弥补未被满足的需要，并以成年人的身份去调解与母亲的关系。

书中有很多练习，你可以自由选择。书中另有一些节奏上的停顿贯穿始终，让你消化这些内容，反思自己的处境。即便你不打算逐个正式回答这些问题，我还是鼓励你花点时间考虑这些问题，倾听阅读时脑海中浮现的东西。

你从自己理解和治愈的角度所得到的东西，正是阅读本书的重要获益，所以，建议你慢慢来。现在你得做自己的监护人，所以，如果处理某些信息令你感到痛苦，那么可以考虑一下你需要什么样的支持。无论任何时候，只做你能做到的事情，以此来练习做自己的好妈妈。你可以随时回到材料中。一些读者发现，第一部分中关于良好养育的内容在一开始就会唤起很多情绪，于是更愿意稍后再看。其实，尽管每章都以前面的内容为基础，但你可以选择最适合

- 自己的方式来阅读。

本书有四个目标：

一、帮你更清楚地了解自己得到过什么样的养育。

二、帮你了解你所经历的养育方式和你当下生活中的问题之间的联系。那些所谓的个人"缺陷"，可以和养育的"缺陷"联系在一起，从而减轻自责心理。

三、为如何弥补这些曾经的缺失提供建议——无论是在治疗中，还是通过亲密关系，抑或通过自我建设来实现。

四、有助于你去思考如何在成年后继续和母亲的关系，为你提供比原先更多的工具和选择。

好消息是，失职的养育所造成的缺陷可以在日后得到弥补——也许不能完全弥补，但效果比我们想象中的要显著得多。我们可以治愈内心不被爱的小孩，成为有力量、有爱心的成年人。这值得一试。

第一部分

我们对母亲的需要

1 母亲的养育

母亲是生命之树

"人类家庭"是一个摄影图片展览,将环游世界并拍摄的照片制成书本展出,我一直记得其中的一张照片。照片上,一位瘦高的黑人女性和两个孩子站在一起,他们的脸黑黑的,笼在阴影中。在对页上,引用了这样的箴言:"她是他们的生命之树。"

生命之树,是提供庇荫、家庭和保护的树,是你可以爬上去获取食物的树,是当你比现在小好几倍时看起来巨大的树。那就是你的树。

在世界范围的神秘主义传统中,生命之树是生命围绕其旋转的纵轴。相似的是,母亲是家庭和孩子情感生活所围绕的轴心。在公

● 第一部分 我们对母亲的需要

元前的漫长历史中，生命之树常被描绘成一位母亲，而伟大的母亲或女神也常被描绘成一棵树。

因此，树是母职的自然象征。树与它的花和果，与居于其中、环绕其周围的鸟兽，一起提供庇护和给养。朝各个方向生长尤其是向外伸展的弧形，使得它如同一个丰饶的源泉。生命之树的原型中有一部分就是这种慷慨和给予的感觉。

这一原型在谢尔·希尔弗斯坦的童书《爱心树》中有所体现。这本最初出版于1964年的书，被认为是爱和奉献的经典寓言。它是关于一个男孩和一棵树的故事，这棵树非常爱这个男孩，给了他自己的全部。她让他在树枝上荡秋千，为他遮阴，给他苹果吃，用树枝盖房子。她甚至让他砍下她的树干去造船。最后，当男孩老去，她只剩下一个树桩，还给了他一个休息的地方。

正如许多人明确指出的那样，男孩和树之间的关系很像孩子和母亲之间的关系。树把男孩的需求放在第一位。她不断地给予、给予、给予。这是母亲角色的一部分，它有时和女性发展自身的需要形成竞争：在母亲的角色、与他人的关系之外，她还需要个人的发展。很多女性都为自己迷失在母职和伴侣身份中而感到遗憾。然而，如果一个女性还没有准备好至少要在生命中的某段时间里去照顾他人的需求，她就真的还没有为承担母职做好准备。

生活中有许多正当的理由可以解释一位女性可能没法完全承担起养育孩子的重任，但不幸的是，女性在这件事上往往没有（或没感觉到）选择权。由于意外怀孕或社会期待，女性可能在别无选择的情况下成为母亲。这样的女性通常还没有完全长大成人。她们对眼前的一切还准备不足。

如果你还有很多未获满足的需求,你就很难去奉献自己。然而,做母亲需要不断地付出。好妈妈在孩子冷时用自己的身体给孩子温暖,在孩子需要营养时提供母乳。她从自己的骨头中提取钙,供给未出生的孩子和正在哺乳的孩子。这是奉献自己的一个非常基础的层次。难怪"母亲"是牺牲的象征!

我们源自母亲

关于"我们源自母亲"这一断言有两个重要层面。第一是显而易见的生物学事实:我们是在母亲身体里成形的,我们由母亲的身体制造而成。第二是心理层面,母亲是我们人格、心灵和(心理)结构的一部分。就好像她是我们存在的一个层面。在接下来的几章中,你将会对这个问题有更好的理解。

我们是如何成为一个整体的,我们如何看待自己,我们的自尊感,我们对关系的无意识信念——所有这些都被我们的母亲打上了深深的烙印。她不是唯一的影响因素,但是她以及我们和她的互动为所有这些提供了基础构建材料。

我们觉得这些基本材料是能滋养我们的还是有毒的,很大程度上取决于我们和母亲互动的质量。重要的不是母亲做了什么,而是她的能量和她的爱。她在给宝宝喂奶的时候生气或拉开距离了吗?

当母亲真的以一种爱的方式存在时，你会感觉到妈妈的乳汁和妈妈的心同在；当她并非如此时，她的乳汁就不能持久。宝宝吃奶时可能会觉得不对劲，可能是因为他没有被慷慨地给予，或是因为随乳汁而来的互动中有一些宝宝不想要的东西。

就像他们在童谣中说的，如果这种互动是好的，感觉就非常、非常好；当它不好的时候，结果就很可怕。当然，这种观点比一般情况更加绝对，非黑即白，但小孩子对世界的体验就是非常强烈的。你可以感觉到母亲是个内在的支持层——一层永远与你相伴的爱，你也可能感觉到仿佛身体里有某种僵死或有毒的东西。这种有毒物质是你从和她的互动中吸收的，也可能是来自她内在的毒素。

谁能承担母职？

我在整本书中都使用了"母亲"这个词，但我并不将它限定在生下某个孩子的女性身上——尽管这种关系，即便没能超越分娩（由于母亲去世或将婴儿送走），也在人一生中留下了印记。当我在本书中问及你的母亲时，我问的是承担这个主要角色的人，而"好妈妈"一词可以指任何一个在你生活中扮演照料、养育、保护角色，履行下一章所描述的那些职责的成年人。

这个人可以是养母、祖母、继母，即使是合适的父亲，也能胜任这些工作。家庭圈子以外的人可以帮助满足孩子的一些需求（甚至直到成年期）：老师、阿姨、朋友的母亲、治疗师、合作伙伴。

当我们成熟的时候，甚至可以自己满足其中一些需求，理解那个缺失母爱的孩子仍然常常活在一个成年人的内心里，仍然渴求他儿时需要的东西。

不是每个女人都能适应母职，但大自然已经尽其所能地让生物学意义上的母亲们拥有一切优势。研究支持这样一种观点，即母亲们作为一个群体，会本能地做出婴儿喜欢的举动。瑞典的研究发现，即便母亲在外工作而父亲是主要看护人，婴儿仍强烈偏好与母亲在一起。[1]

大自然也通过激素（特别是催产素）来支持生物学意义上的母亲，这些激素似乎使她们处于建立联结的情绪中，并且与建立联结的行为直接相关。母乳喂养使婴儿处于可以专注于母亲眼睛的完美距离。当然，发育中的胎儿在子宫中就已经和母亲建立关系，对她的心跳、声音、她通过腹壁的触摸和她的能量存在做出反应。

不幸的是，这些生物学上的优势还不足以让一些女性克服她们面对母职时表现出的准备不足。所以，"生母以外的人可以承担母职"是一件好事。

足够好的妈妈

母亲不需要完美，也不可能完美。如果这种完美存在，也是在孩子的眼中——当母亲做得足够好来满足孩子的基本需求，孩子就会全身心地崇拜母亲。这一点很有用，因为当你完全依赖一个人时，

● 第一部分 我们对母亲的需要

你就愿意相信他能做到。忽视一些小的疏漏或者不能完美同调的地方，并强调积极面，这既是好的心理策略，也是好的进化策略，因为孩子的良好感受也有助于母亲与孩子的联结。

"足够好的妈妈"是由著名的儿科医生兼精神分析学家唐纳德·温尼科特提出的，用来形容这样的母亲：为孩子提供足够的条件，让孩子有一个良好的人生开端。温尼科特认为，足够好的母亲的首要任务是适应婴儿。他描述了一个足够好的妈妈如何在开始时几乎完全适应了婴儿的需要，然后随着婴儿能够承受更多的挫折，逐渐越来越少地去适应。母亲如果继续完美地、即刻地满足婴儿的所有需求，将会剥夺婴儿学习新行为、发展新技能以及处理延迟和挫折的需要。

最近的研究强调了这一观点：要提供足够好的养育，母亲不需要做到百分之百的同调与支持，只需要在30%的时间里与孩子同步（意为和谐相处的状态，母亲与孩子同调）就可以。[2] 这个要求应该不算高吧？

按照心理治疗师、作家戴安娜·福沙的说法："与天生的同步能力同等重要（如果不是更重要）的是修复不同步以便重新建立最优联结的能力。"[3] 足够好的妈妈需要修复每段关系中不可避免的裂痕。她不会总是表现得恰到好处，但她必须知道当她错过时该如何让它重回正轨。

研究表明，在这一点上，母亲从孩子那里得到了帮助。婴儿来到这个世界上，自带一种与母亲保持紧密联结的冲动和能力。他们还能充分利用母亲的修复能力。[4] 对一个孩子来说，修复关系中不可避免的中断可以增强自己的力量。相反，如果不能引起母亲的注意，在断开联结后无法重新联结，可能会让婴儿感到极度无力，对关系以及满足自身需求感到气馁。

当母亲没有足够同调地回应孩子的需求时，孩子最终会去适应母亲，而不是相反。孩子失去了他的核心体验，然后发展出了温尼科特所说的"虚假自体"。

好妈妈传达的信息

母亲如何回应我们的基本需求，能让我们知道自己对她是多重要。她是慷慨地（甚至喜悦地）给予我们，还是以一种有负担感、好像在说"你真烦"的态度来满足我们的需求？当她给我们换尿布、穿衣服的时候，她的抚摸是温柔而慈爱的，还是快速而略带粗鲁的？也许看起来动作很机械。她的眼睛在说什么？她脸上的表情怎样？她的行为和选择传达了什么信息？所有这些都是与母亲沟通的一部分，也塑造了我们与她的关系。它们共同构成了我们接收到的信息的基础。

我们先看一下"好妈妈传达的信息"[5]，然后再想想我们中那些母爱缺失的人都从中听到了什么。

以下是好妈妈传达的十条基本信息：

● 我很高兴你在这里。

● 第一部分 我们对母亲的需要

- ● 我看见你了。
- ● 你对我来说很特别。
- ● 我尊重你。
- ● 我爱你。
- ● 你的需求对我很重要。你可以向我求助。
- ● 我在这里守候你。我会为你腾出时间。
- ● 我会保证你的安全。
- ● 你可以在我身上休息。
- ● 我以你为乐。

让我们更仔细地看看。

☑ "我很高兴你在这里。"

"我很高兴你在这里"是孩子们听到的第一条重要信息。这条信息是通过那些能让孩子感受到"你有价值、受欢迎"的行为来传达的。

许多人认为，这种受欢迎的原初感觉始于子宫。当然，在孩子一生中的许多时刻，他们都会感觉到自己是否受欢迎。我认为这不是一种全或无的体验，而是一种程度问题，感到不受欢迎的孤独时刻很大程度上可以通过更多地让孩子感到有价值的体验来抵消。

"我很高兴你在这里"这样的信息有助于我们为自己的存在感到高兴，有助于我们感到待在这个世界上、待在自己的身体里是舒服的。

1. 母亲的养育

> ☑ "我看见你了。"

母亲主要通过精确地镜映和同调的回应（参见"母亲是一面镜子"）来传达"我看见你了"。比如，她知道我们喜欢什么、不喜欢什么。她知道我们的兴趣和我们对事物的感受。被看见就是被懂得。

> ☑ "你对我来说很特别。"

"你对我来说很特别"（通常是非言语表达）的信息告诉我们，我们是被珍视的。跟其他信息一样，这个需求和真实自我被看见的感受相匹配，这样我们就不会把独特性与一些肤浅的、外在的品质或形象联系在一起。

> ☑ "我尊重你。"

当母亲支持孩子的独特性时，当她在没有必要的情况下不控制孩子时，当她接受孩子的偏好和决定时，她就表达了"我尊重你"，并表达了她重视在孩子身上看到的东西。以真诚的方式感受到尊重与爱的孩子，将被允许去发现和表达他们独特的自我，而不是成为父/母亲的翻版或遵从父母规划的蓝图。

> ☑ "我爱你。"

"我爱你"常常通过这些简单的词语传达，但要能体验到其中的诚恳和真实才有意义。很多孩子每天都会听到好几遍；也有人一

● 第一部分 我们对母亲的需要

辈子都听不到。重要的是，这句话不会让人觉得有控制欲，也不会顺带对孩子提出要求。

爱通过非言语手段传达时可能最有效，包括触摸、语调、眼神和面部表情、肢体语言和专注度。当环境提供了一种安全的拥抱和包容时（例如通过边界和规则来提供），这也是一种爱的感觉。

> ☑ "你的需求对我很重要。你可以向我求助。"

"你的需求对我很重要"表达了一种优先级。母亲说的不仅仅是"我要照顾你，因为我不得不这样"或"等我做到再说"，而是"因为这真的很重要"。通过这一信息，我们感觉到母亲的关注来自爱和真诚的关怀。"你可以向我求助"是一种应允，它告诉你，不必隐藏自己的需求，也不必自己照顾自己的需求。

> ☑ "我在这里守候你。我会为你腾出时间。"

"我在这里守候"是说："你可以指望我。我不会在你眼前消失。"这通常与特定的需求有关，但除此之外，它的意思是"我是你生命中始终如一的存在"。这提供了一种放松和信任的感觉。

一个相关的信息是"我会为你腾出时间"，它表达了易得、优先和重视。不幸的是，太多孩子感到他们的父母没有时间陪他们。

> ☑ "我会保证你的安全。"

"我会保证你的安全"也可以表达为"我会保护你。我不会让你受到（不必要的）伤害或打击"。

安全感对孩子的放松和探索必不可少。如果没有安全感，我们可能永远都不会觉得自己准备好了进入这个世界。没有监护人的保护，我们唯一的保护就是停止成长并在人格中建立防御机制。

> ☑ "你可以在我身上休息。"

"你可以在我身上休息"可以表达若干意思。首先，它意味着一个受保护的空间，如果你必须保持警惕，就不能真正休息。它还意味着容易获得（需要母亲在这里，这样可以在她身上休息）和接纳。这是"有了我，你就有了家"的一种表达方式。我们都想要一个完全属于自己的地方，在那里不需要表演，我们会在另一个人的陪伴下感到安定和抚慰。

> ☑ "我以你为乐。"

"我以你为乐"肯定了孩子的珍贵。它对孩子传达的信息是"你真让人快乐""在你身边，我很快乐"。当母亲看到我们时眼睛发亮，当她笑起来——我们就感受到了这一点。

"好妈妈信息"缺失时会发生什么？

当这些好妈妈信息缺失时，它们会留下特定的"漏洞"或缺陷感。根据前述列表，它可能是这样的：

> "我很高兴你在这里。"

当我们觉得不受欢迎或不被需要时,我们可能会得出这样的结论:"也许我不在这儿更好。"它也可能导致极大的被抛弃的恐惧。一位女性小时候从来没有觉得自己被需要,每次和母亲去餐馆或自助洗衣店,都害怕母亲会离开她,再也不回来。对年幼的孩子来说,感觉不被需要,就失去了坚实的根基。

> "我看见你了。"

如果母亲没有看见或理解我们,她就不能有的放矢地做出回应。比如,她也许会试着引导,却一开始就找错了地方。

如果我们一直没有被"看见",就会有一种"隐身"感,无法确定自己是真实的。不真实的感觉可能是细微的、无意识的,也可能相当宽泛,让人迷茫。

> "你对我来说很特别。"

如果我们感觉不到自己在父母心里很特别,就不会珍视自己。我们甚至可能会想,如果我是别的什么人,妈妈可能会更喜欢。

> "我尊重你。"

如果我们感觉不到自己的能力、边界和喜好受到尊重,就学不会去尊重自己的这些部分。我们可能会产生一种无价值感和羞耻感，或无法实现真正的潜能。这也会让我们对他人过于迁就，而不是站在自己的立场上。

> "我爱你。"

由于缺乏足够的爱，我们可能会得出结论："真实的自己并不值得被爱。"结果，我们可能会怀着"如果顺从别人的要求，也许他们会爱我"的希望扭曲自己。

> "你的需求对我很重要。你可以向我求助。"

如果感觉不到母亲愿意满足我们的需求，我们就会认为："我的需求是可耻的、是负担。我不应该有需求。"

> "我在这里守候你。"

如果没有那种"母亲守候着我"的感觉，我们就会感觉孤独。这会导致一种"我必须靠自己"的感觉。

> "我会保证你的安全。"

如果没有那种被保护的感觉，我们就会感到生活不堪重负，觉得世界是危险的。

> "你可以在我身上休息。"

● 第一部分 我们对母亲的需要

如果在母亲身边还不能安全地做自己,我们就错失了情感联结的一个重要层面。和母亲在一起时需要保持警觉或表演,就永远不会在她那里感到无拘无束。

> 📅 "我以你为乐。"

如果没有感觉到母亲和我们在一起很开心,我们就会认为:"我是一个没人想要的负担。我希望自己能消失。我不该占用这么多空间。"我们畏首畏尾,学会隐藏自己的光芒。

> **你接收到的信息是怎样的?**
>
> ● 仔细阅读"好妈妈的信息",留意你对其中每一条的情绪反应。这条信息感觉熟悉吗?(请记住,这些信息更多是通过行为而不是言语来传达。)这是你认为自己接收到的信息吗?你的身体感觉如何?
> ● 你可以将第一个列表中的每条信息与第二个列表中的对应信息进行比较,看看哪个对你来说更真切,尽可能地关注你体内的思想、情绪和感受。

和本书的其他练习一样,这可能会让你产生不舒服的感觉,所以你需要调整自己的节奏。如果你觉得承受不了,可以暂时放下,等准备好再回来,或者在一个支持你的人面前做这个练习。

缺失母爱意味着什么？

依据好妈妈传达的信息、第 2 章中描述的功能、第 3 章提及的安全依恋，或者第 4 章提及的有滋养功能的抚摸、爱和其他构建模块，如果你没得到足够好的养育，便是"缺失母爱"。是的，你得到的养育足够你活下来，但还不足以支持健康的自信、主动性、适应力、信任、合理赋权、自尊，以及在这个充满挑战的世界上茁壮成长所需的其他许多特质。

你越清楚地看到自己缺失母爱的方式，就越能主动弥补它们。让我们来进一步了解缺失的到底是什么。

好妈妈的多个面貌

婴儿的感知世界（尤其是视觉世界）包含关于几个相同客体的大量体验，但每种体验都截然不同——如此不同，以致从婴儿的角度来看，它们似乎是不同的客体。以一种类似的方式，可以把好妈妈的形象分解成不同的体验，我称之为好妈妈的多个面貌。每个"面貌"代表了她履行的一个职能，或是一个对孩子成长很重要的心理功能。

读完本章，你也许会好奇，一个人怎么能完成这么多重要的、看似无穷无尽的任务呢？当然，没人能做到完美，这使我们将好妈妈描绘成为一种理想形象或典范。通过反思你的母亲对这些心理职能的完成度，你会更了解她在你心上留下的印记，并更深入地理解自己的感受、信念和行为。你会明白为什么你的某些部分比其他部分更需要支持。

你还会发现，其中很多职能是重叠的，试图分解它们可能显得有些武断。它们共同作用，发挥魔力，创造出好妈妈的非凡原型。以这种方式剖析好妈妈，也许会让她失去一些神秘感，但如果有助于我们更清楚地看见自己的需求，更严肃地面对它们，这样做或许就是值得的。

请记住，虽然我把这些说成母亲的职能，但任何照顾者都可以履行，并不仅限于生母。父亲、祖父母、保姆、日托工作者、大家庭成员，甚至后来生活中发现的"母性形象"，都可以提供一部分重要的滋养。

这十个面貌如下：

- 作为源泉的母亲
- 作为依恋对象的母亲
- 作为第一响应者的母亲
- 作为调节器的母亲
- 作为养育者的母亲
- 作为镜子的母亲
- 作为啦啦队长的母亲
- 作为导师的母亲
- 作为保护者的母亲
- 作为大本营的母亲

作为源泉的母亲

"母亲"是我们的源泉。在神话和宗教中,这个源泉通常被描述为某种母神,比如海洋女神。正如人们认为生命是从海洋中产生的,人类的生命也是从母亲的子宫里产生的。因此,无论在神话层面还是更世俗的层面,母亲就是生命之源。

当孩子对母亲有积极的体验时,他会觉得"我属于妈妈,我来自她,我是她的一部分,我很像她"。这成为身份认同的基石之一。

不幸的是,并非每个人都能以积极的方式体验到母亲是源泉。通过催眠或其他深度工作中的退行体验,一些成年人恢复了在子宫里的记忆——那是个困住他们的有毒环境。他们有强烈的归属感,但这是种让人讨厌的"归属",他们宁愿与之分离。和有吞噬性的母亲在一起也会有这种感觉——这类母亲带来的感受并不好。

还有被领养的孩子的经历,至少在主观感受中,源泉拒绝了他们。他们处境复杂:既"属于"第一位母亲,因为她生下了他们,又"不属于"她,因为他们不再是她的孩子。有时,对他们来说,培养对养母的坚定归属感是一种挑战。

归属感是必不可少的,将母亲作为源泉的感觉只是其中一部分。正如下文所说,当我们将母亲作为依恋对象时,也会有这种感觉。

尽管其中一些部分超出了母亲的能力,但母亲还是可以有所作为的,让自己以一种积极的方式被体验为"源泉"。从生命的最初时刻起,她就可以创造一个表示欢迎的环境。她能成为一种积极的能量,让孩子想待在她身边,得到她的滋养。她可以找到自己和孩子的共通之处,同时小心地给孩子留出足够的空间,让他们可以保持独特性。她也可以成为一个积极的榜样,让孩子们一生都为她感到骄傲。

> **作为源泉的你的母亲**
>
> ● 当你想到母亲的子宫时,感觉那是个吸引人的地方吗?如果你无法想象,就问问自己被母亲的能量包围会是什么感觉。你会喜欢吗?
> ● 你是想和母亲一样,还是想尽可能跟她不同(或者介于两者之间)?如果有人说"你真像你妈妈!",你会有什么感觉?
> ● 你能想象为有这样的母亲而感到自豪吗?你认同自己和母亲的关系吗?

作为依恋对象的母亲

母亲是我们和世界的第一条纽带。在这里,我们关注的不是母亲作为源起的海洋,而是更直接的依附对象,就像藤壶附着的船底。母亲是寻求安全依恋的孩子紧紧抓着的船腹。

● 第一部分 我们对母亲的需要

当你看到安全依恋的孩子和他们的母亲在一起时，他们经常有身体接触，如攀爬、拉扯、吮吸、拥抱母亲的身体。就连大孩子，也会在害怕时抓住妈妈的手。正如我们下面要探讨的，依恋不仅通过身体接触产生，也通过母亲对需求的同调和回应产生。依恋是如此重要，所以整个下一章都致力于阐述它。

幼儿依恋传递的是"我属于你"的感觉。"因为我属于你，我就有了一个位置。"没有这些，我们就没有了羁绊，漂泊到成年。一位女性感觉自己像海上的一块浮木；另一位和母亲关系太冷淡以致觉得自己一定是在白菜叶子下捡到的——说不定真是这样。这会带来深刻的孤独感、疏离感和无归属感。

有了安全依恋，孩子就会感到被拥抱和安全。这和母亲作为第一响应者的功能重叠，因为在很大程度上，依恋正是通过对需求的响应形成的。

2. 好妈妈的多个面貌

> **作为依恋对象的你的母亲**
>
> - 在 1 分到 10 分的范围内（10 分是最密切的联结），你觉得你和你母亲的联结是几分？
> - 这种联结在你一生中发生过什么变化吗？
> - 关于早年和母亲的身体接触，你还记得些什么？她是你的攀登架，还是更多给你一种"被拒之门外"的感觉？
> - 小时候，你有没有清晰地感觉到自己是家庭的一部分？你感觉有联结还是被放逐？
> - 你有过自己是孤儿或者没有母亲的感觉吗？

作为第一响应者的母亲

确保母亲能作为依恋对象的一个重要方面，就是我所说的作为第一响应者。现代社会的"第一响应者"是消防员和警察，紧急情况发生时，你会给他们打电话。想象一下你家着火了却没人来，你还会相信任何时候都能得到帮助吗？

正如许多书里已经言明的，对婴儿来说，每一个需求都很迫切，因此都是紧急情况。作为婴儿，我们无法靠自己满足自己的基本需求，所以完全依赖他人响应我们的呼救。如果我们的需求始终如一地被满足，我们就会感到安全，相信会得到援助。如果没有这些，

● 第一部分 我们对母亲的需要

我们就会觉得无人照料，世界不友好、不会提供支持，于是我们感觉更不安全、不信任。我们不觉得能得到自己需要的东西，这就破坏了基本的信任感。

与此相关的好妈妈信息是"我会照顾你。你的需求对我来说很重要。我守候在这里。你可以在我身上休息"。

当然，要做到这一点，母亲需要准确地理解孩子。如果第一响应者跑错了地方，你需要的是食物，她却提供安身之处，或者坚持给你些你不想要的，就没什么帮助。在心理学术语中，我们称之为准确地"同调"。母亲作为第一响应者，能在多大程度上同调孩子的需求，就会对孩子有多大的帮助，在语言出现前的几年里尤其如此。

这种对需求的同调和响应提供了所谓的拥抱环境。有了它，我们会感到被拥抱。这个功能也通往"自我调节"（在下一节"作为调节器的母亲"中会讲到）。

2. 好妈妈的多个面貌

作为第一响应者的你的母亲

- 你也许很难记起婴幼儿时期母亲是怎么回应你的，但你能明确的是你现在对自己的需求有何感受。你是尊重和关注自己的需求，还是为需求感到羞耻，以至想要隐藏？又或许你难以满足。你如何回应自己的需求，常常和母亲如何回应你的需求相似，除非有许多重大的、深刻的体验给你一个不同的参照点。
- 关于母亲怎样回应你的需求，你还知道什么吗？听过什么故事吗？能从照片上看出什么吗？
- 在自己的童年之外，你知道母亲怎样回应别人的需求吗？她能及时出现吗？有不满吗？不那么能干吗？亲切吗？别人得请求好几次吗？她只是去满足自己认为别人会有的需求，还是看出了真正的需求？

作为调节器的母亲

作为调节器和作为第一响应者有很大的关联，但是把概念进行些微调整并重新命名后，我们会获得不同的视角。

当母亲作为第一响应者在场时，事态不会失控。比如让婴儿的饥饿得到满足，这样他可以回到身心平衡和安宁的状态。想象一下，如果不能，那种不适会多么难以忍受。

所谓"调节"，就是确保某件事不太强也不太弱，而是保持在更优的范围内。母亲通过满足孩子特定的需求，来帮助管理他们的生理状态，比如饥饿或寒冷。多数时候，治疗师谈及调节时，指的是我们的情绪。如果没有母亲来做有效的调节器，我们就学不会有效管理自己的情绪。要么切断情感，要么情绪失控，生气变成暴怒，哭泣变成歇斯底里，我们无法包容自己的兴奋、沮丧、性冲动或别的感受。

学习调节内在状态，我们称为自我管理或自我调节。这主要由神经系统控制，但最初是由母亲代替发育中的神经系统，并在孩子彻底陷入不知所措之前满足他的需要，从而习得的。母亲作为调节器，在孩子脆弱的神经系统发育过程中起到缓冲作用。

母亲有很多方式可以做到这一点：抚慰难过的孩子（通过触摸、言语，或仅仅是照护性参与）；帮孩子识别需求和情绪；帮孩子将注意力从危难中转移出来，从而调节它；提供安慰。一位终身受焦虑折磨的女性告诉我，她从没听到过母亲说"都会好的"，她的母亲从没帮她平静下来，让她感觉好一点。

母亲作为调节器时，她会帮我们从消极的情绪体验过渡到积极的情绪体验。做到这一点的一种方式是，先共情发生了什么，然后引导我们进入更舒适的领域。她向我们展示如何放下一种情绪，转向另一种，而她的愉悦气质会让我们更愉悦地去参与。我们在一位母亲身上看到了这一点，她面带悲伤地看着孩子的泪眼，很快那个孩子就破涕为笑。

在更微妙的层面，母亲通过最近被称为"边缘共振"或"边缘调节"的过程来调节孩子的痛苦。在边缘调节中，一个人的情绪脑会卷入另一个人的情绪脑，而另一个人的情绪脑会去与前者适配。所有哺乳动物都有这种能力，它被认为是母亲直接调节婴幼儿内在状态的主要机制。只要凝视孩子的眼睛，母亲就会脑对脑地与孩子进行交流，使孩子的边缘系统与她的一致。（当母亲处于一种积极、可调节的状态时，这是有帮助的；但当她自己烦躁不安时，就另说了。）

缺乏调节生理唤起的能力，常见于童年期遭受父母在情感上的忽视和虐待，从而形成复杂创伤的人。缺乏调节能力的人被某件事触发时，会感到非常苦恼，以致无法清晰地思考或完全待在当下，就仿佛他们的系统没有调节器，所以无法将身体和情绪反应保持在可控或最佳的范围内。虽然可以在之后的人生中学习自我调节，但如果母亲能帮我们尽早掌握这一关键技能，就会让我们省去很多痛苦。

● 第一部分 我们对母亲的需要

> **作为调节器的你的母亲**
>
> ● 关于母亲在你的婴儿时期如何回应你的需求，你知道些什么？得到她的帮助容易吗？她还照顾了几个孩子？她消沉吗？会走神吗？
>
> ● 什么样的人生观塑造了她的养育方式？她有没有受到那种告诉父母要让孩子"哭出来"的思想流派的影响？
>
> ● 还记得母亲在你身处困境时安抚你，让你放心的时刻吗？她帮你渡过难关了吗？
>
> ● 你的母亲现在（或以前）善于调节自己的生理需求吗——比如对饥渴、睡眠、接触的需求？她能调节自己的情绪吗？能让情绪保持在适度范围内，同时真正感受到它们吗？
>
> ● 你的母亲善于和你的情绪状态同步吗？你感觉她在乎你的情绪吗？她有没有教过你如何建设性地管理情绪而不是简单地压抑它们？她能向你示范怎样健康地表达情绪吗？

作为养育者的母亲

好妈妈原型的一个基本方面是养育。作为养育者，母亲既提供身体上的养育，也提供精神上的滋养。通常二者是同时发生的，比如在母乳喂养中，母亲同时用自己的身体和爱来喂养婴儿，两者都是婴儿生存和茁壮成长所必需的。

　　孩子似乎有一种与生俱来的能力,知道情感滋养何时是真实的(确实滋养了自己)、何时是虚假的。母亲可以声称自己非常有爱心,和孩子关系密切,也能因此获得外界的巨大认可;但如果妈妈的爱不真诚,孩子就会觉得自己的灵魂有一个洞。不论母亲说了多少冠冕堂皇的话,不论她对孩子身体的照顾多么无可挑剔,如果没有真正的联结和关怀,孩子就不会觉得母亲是滋养的源泉。

　　由于孩子的第一语言是触觉,母亲对婴儿的拥抱,以及持续抚摸成长中的孩子的方式,将传达很多信息。抚摸表达了真实的关怀和爱,还只是完成任务?

　　和这个功能相关的主要信息是"我爱你"。这对自尊的发展至关重要。当它出现时,孩子会想:"妈妈爱我,所以我是个重要人物。"

> **作为养育者的你的母亲**
>
> - 儿时的你觉得母亲爱你吗?哪些记忆能说明这一点?
> - 成年后你又是怎样理解的?也许你意识到她的确爱你,但表达爱的能力严重受限,或者她就是无法去爱,又或者你看出是你自己无法接受这种爱。
> - 在 1 分到 10 分的范围内(10 分是最大程度的滋养),你认为你母亲在养育方面表现如何?她又是怎样养育其他人的?

作为镜子的母亲

提供镜映是母亲最重要的职能之一,它能让孩子感觉到自己被理解了,并逐渐理解自己。

镜映包括言语方面的和非言语方面的,并且分好几个层次。第一种是孩子感觉到联结、相遇。当孩子感觉被看见时,他可以意识到自己是一个成长中的人。如果孩子感觉自己隐身了或者没被看见,他往往会感觉不到全然的真实。因此镜映传递的最基本信息是"我看到你了——你是真实的"。

心理学家和其他研究人类发展的人指出,那些在孩子身上得到认可的特质会得到发展,而那些未被认可的特质会消失。想想孩子学习语言的方式：正像语言学家们说的那样，孩子们开始从许多语言中学习发声，但只有那些属于父母语言的声音才会被强化，其他声音则会从孩子的词汇中消失。同样，没被看见的情绪、没被看见的行为、没被看见或不被支持的特质，要么得不到发展，要么会隐藏起来。

言语镜映包括说"你真的很生气！"或者"你现在很难过"之类的话。言语镜映有助于幼儿识别情感，并让所有年龄段的人感觉被听见了。这个过程并不限于情感，特质也会被镜映。"你是个漂亮女孩！"和"天啊，你真聪明！"就是例子。

在儿童的语言能力发展之前，镜映更多是身体上的，包括复制孩子的表情：在孩子大笑的时候大笑，在孩子皱眉的时候皱眉，等等。婴儿在这样的早期阶段无法反思或感觉到自己，所以需要一面镜子才能看到自己。

"我看见你了"这一基本信息会随着语调的不同而变化，可以是"我看见你了，你很好"，也可以是"我看见你了，你很差劲"。我们称第一种为赞美的镜映，第二种可以被认为是羞辱的镜映。赞美的镜映有助于我们昂首挺胸，为自己感到骄傲，觉得我们有权出现在这里，在这里真是太好了。我们的价值感很大程度上源于这种积极的镜映。赞美的镜映（诚恳、真实的时候）有助于我们发展自尊。

为了让我们真正感觉被看见，镜映得准确。扭曲的镜映可能会产生几种结果。一种是认同了别人对你的看法，比如你学得很慢、你是个捣蛋鬼。此外，扭曲的镜映会让人不断尝试以获得准确的镜映。有些儿童和成人在没有准确地被看见，且在努力尝试被理解的情况下会被激怒。另一些人放弃了，成为隐身人。尽管赞美是强大的，但当它和扭曲的镜映一起出现时，就达不到目标，也没有任何好处。

作为镜子的母亲进一步升华，就能充当指南针。身处这个角色时，母亲非常了解你，当你不忠于自己时，她会对你直言不讳，实质上是在说："那不是真正的你。"作为孩子，我们尝试各种不同的着装，好像开始知道自己是谁了；而有一个非常了解我们的人，她能（在适当的时候）说"这不太适合你，亲爱的"——会对我们很有帮助。我用了"指南针"这个词，因为在这个角色身上，母亲在我们偏离方向时提醒我们，仿佛她知道"真正的北方"对我们来说是什么。

镜映非常重要，如果镜映不足，对它的渴望往往会持续终身。

> **作为镜子的你的母亲**
>
> - 你觉得母亲看见真正的你了吗？什么事给你这样的印象？
> - 母亲对你的反应中，哪些非言语表达给你留下了难忘的印象（包括语气）？它们传达了什么？
> - 她擅长用言语命名并反馈你的感受和需求吗？如果不擅长，你觉得是出于什么原因呢？
> - 哪些方面她最擅长镜映，哪些方面她不得要领？（比如，她可能承认了你的智力，但不承认你的感受。）
> - 母亲是不是很了解你，足够充当指南针，能发现你没有忠于自己的本性？

作为啦啦队长的母亲

作为啦啦队长时，母亲提供的是鼓励。这和母亲作为赞美的镜子有相似之处。这个角色在此得到扩展，包括更积极的鼓励、赞扬和支持。传达的信息是"你能做到！我知道你可以。我支持你"。

在探索阶段（一岁半到三岁），当孩子第一次进入世界时，这种支持和鼓励非常重要。我们不仅需要一个支持自己的人，更需要一个积极地和自己在一起的人。在《给予有治愈力的爱：父母指南》一书中，畅销书作家哈维尔·亨德里克斯和海伦·亨特描述了好妈

● 第一部分 我们对母亲的需要

妈如何做到这一点。"她始终保持温暖和易得，花时间让孩子满足自己的好奇心并与他分享。她称赞孩子的成功，为孩子的发现喝彩。她为孩子创造机会，让孩子发现独自探索无法发现的东西，并有意识地努力让这些探索充满乐趣和欢笑。"[1]

啦啦队长传达的信息也可能是"我和你在一起"或"我在这里"——当我们迈着摇摇晃晃的步子踏进世界时，这些信息很有帮助。

在人生的不同时期，我们都需要啦啦队，感觉被任务吓倒时尤其如此。当我们不具备所需的全部技能时，啦啦队长角色和母亲作为导师的角色一同出现最有帮助，后者我将在下一节讨论。

如果母亲做不好啦啦队长，可能是有原因的。她可能自身缺乏母爱和支持，以致不知道怎么做啦啦队长；她也许更关注自己对支持的需求；也许没有意识到孩子的需求；或者她可能觉得孩子的成就和日益增长的自主性是种威胁。她也可能太过苦恼、沮丧，没有精力去做啦啦队长。

鼓励必须是为孩子量身打造的，切合实际的。如果有鼓励但没有足够的支持，或者鼓励和不切实际的期望结合在一起，可能会被体验为逼迫。另一方面，鼓励已经熟练的能力，会让我们感到被过度保护，仿佛母亲没有注意到、没有看到我们的能力。

如果母亲不为我们平凡的成功而庆祝，我们可能会感觉被忽视了，或者不得不做一些超乎寻常的事（无论好坏）来引起她的注意。

2. 好妈妈的多个面貌

> **作为啦啦队长的你的母亲**
>
> ● 你觉得母亲是易得的吗？能支持早年的你去探索这个世界吗？
>
> ● 母亲对你的成就表现出热情时是什么样子？
>
> ● 你相信母亲对你很有信心吗？（你可能会觉得她相信你的能力，但却没有充当啦啦队长。）
>
> ● 你能想起一个需要更多鼓励的时刻吗？那时你想听到什么样的话？

作为导师的母亲

想象一下，假如把一个四五岁的孩子放在自行车上，然后径直走开，会是多可怕的场景。母亲作为导师时，她的作用就像一套辅助轮，在你学习的时候帮你保持稳定、提供支持，这样你就不会摔得鼻青脸肿。

我们现在关注的功能是支持和指导—校准式协助，谈论的也是作为老师或向导的母亲。这项任务有时涉及示范，比如向孩子示范怎么骑自行车。发展心理学家、作家路易丝·卡普兰用戏剧中的舞台管理人员来做类比。舞台管理人员提供幕后支持，让其他人能演出成功。作为导师的母亲为我们提供足够的支持和指导，使我们可

● 第一部分 我们对母亲的需要

以发展自己的能力。

在这里,母亲不仅是孤立学科的老师,而且是一个涵盖面更广的课程的老师,引导孩子成功地立足于世。她教孩子如何与他人相处,如何做出正确的决定,如何管理时间、履行职责、追求目标。在这个意义上,母亲是第一位"生活技能教练"。这些能力中每个都很强大,每位女性都可能比其他人更擅长其中一些部分。

一位母亲在生活中的某些方面会更胜任,也会受到她教学技能的帮助或阻碍。她是进行言传还是身教?她的解释清晰吗?适合孩子的需求和发展水平吗?好的导师不是一边过着自己的日子,一边希望别人自然而然学会她知道的东西,而是积极地帮助别人学习。她足够专注,能注意到需要哪些技能,并有足够的耐心去教授。

我们都知道,你可能帮得太多,也可能帮得太少。如果帮得太多,就代替或剥夺了别人学习的机会;如果帮得太少,对方会感觉不知所措、孤立无援。我们的努力应该根据对方的需要加以调校。就养育子女而言,它也应该适合孩子的年龄。帮孩子做家庭作业,或需要某种支持时打电话给小学老师,这是一回事;当你认为已经成年的孩子工作太多而给孩子的老板打电话,那就是另一回事了。

好妈妈的引导尊重孩子的局限而不会让孩子注意到这些局限,也不会有孩子应该领先一步这种态度。比起控制或侵入,有技巧的指导会更让人舒服。

我还要对作为导师的母亲提出进一步的要求:了解孩子的发展需求和能力。那些对孩子最挑剔、最爱惩罚的父母中,许多都对孩子期望过高，认为孩子故意不听话——比如当孩子缺乏良好的运动协调能力，做不到喝牛奶不洒的时候。

因此，成为一个好的导师需要做到以下几点：

- 发展好自己的技能
- 能将学习任务进行分解，通过清晰的口授和/或演示来一步步指导
- 和他人的需求同调
- 有时间和耐心来指导

这个功能和作为啦啦队长的母亲有许多重合之处：它为我们所有人的学习带来鼓励和积极的强化。

作为导师的你的母亲

- 母亲在哪些方面最常指导你？

  ☐ 与同龄人相处

  ☐ 学会说话、表达体验

  ☐ 理解和管理情绪

  ☐ 修饰和外表

  ☐ 学习处理小玩意儿、使用工具、发展技术

  ☐ 表达对他人的尊重（"礼貌"）

  ☐ 学习各种社交技巧

  ☐ 宗教或精神教育

  ☐ 发展学术技能

●第一部分 我们对母亲的需要

☐ 学会承担责任

☐ 体育运动或健身

☐ 良好的卫生习惯

☐ 艺术和工艺

☐ 家政技能

☐ 批判性思维

☐ 教你果断，为自己挺身而出

☐ 处理失望和挫折

● 你在哪些方面需要更多的指导？

● 她的帮助符合你的需求吗？她帮得太多还是太少？

● 她通过帮助传达了什么态度？（例如，你是个麻烦，或她很宝贝你，很想帮助你，或虽然你需要帮助但仍然值得尊重，或你学得很慢/很快，或她乐意指导你……）

作为保护者的母亲

母亲如何保护孩子，因不同的发展阶段而异。最初，保护就是提供一个安全的围场。子宫是最初的围场，共生（未分化）关系是第二个。在其中，孩子感受不到独立，所以母亲存在的品质和她对孩子的感受都是婴儿所处环境的一部分。孩子需要在这里感到安全。

分离会带来危险。母亲能提供保护是最好的情况。很年幼的孩子往往觉得母亲是万能的，能打破黑暗，赶走吵闹的孩子和吠叫的狗。如果母亲始终如一地保护孩子免受侵入性和压倒性的刺激，孩子就会感到安全。这样，妈妈就从安全的围场变形成了女警察。

随着进一步成长，孩子获得了自主权、漫游和探索的自由，但母亲并不会远离，而且一有危险迹象就会现身，不顾一切保护她的后代。和这个角色相关的信息是"我会保证你的安全"。

再后来，孩子被送到外面的世界。世界有一套规则和边界，就像看不见的篱笆，旨在让孩子远离伤害。如果没有以儿童能接受的方式给予这些规则，或者他们把拒绝这些规则作为拒绝父母控制的一部分，儿童就会茫然无依，因为他们自己的判断往往不足以提供保护。为了充分发挥这种保护者的作用，母亲必须教给孩子们边界意识和自我保护技能。

当然，母亲可能过度保护，不给孩子们足够的空间去体验这个世界，也可能她的保护传递出对孩子能力的不信任，甚或她自己对世界的不信任。母亲履行保护职能的程度如何，不能仅仅简化为她"是否"提供了保护，还必须包括她"如何"提供保护。

●第一部分 我们对母亲的需要

> **作为保护者的你的母亲**
>
> ● 想象母亲是一个安全的围场,你会有什么情感反应?
> ● 在你遭受哪些挫折和危险时,她没有好好保护你?
> ● 你知道她保护你的方式吗?
> ● 母亲教过你怎么保护自己吗?在什么样的情况下?
> ● 关于怎么保护自己,有什么是你希望她教你而她没有教的?
> ● 她保护你的方式是让你舒服还是窒息?感觉贴心吗?

作为大本营的母亲

与此相关的信息是"我在这里守候"。如果你真正接受了这个信息,即便成年以后,你也会把母亲作为随时可以回来加油,得到安慰和支持的地方。当你在外受挫,当你婚姻破裂,当你感情受伤,你总能回来找母亲。这跟所谓"和解"的发展阶段类似,孩子首先和母亲分离,进入世界去冒险,再回来,然后再离开,如此往复,为了补充心理燃油,一次次回到母亲身边。

母亲是我们第一个大本营,之后被其他关系和我们认同为"家"的东西——社区、国家、地方等——所取代(如果她一直承担这个角色,则是被部分取代)。

如果母亲不能保持易得,自我沉溺或醉心于其他事情,反复无常、不稳定或无法在情感上关爱孩子,我们就不会把她当作大本营,"母亲的大腿"就不存在,我们在成年后可能表现为难以建立"家"的感觉。

> **作为大本营的你的母亲**
>
> ● 不论是否成年,你都会有向母亲求助的时候。一般是什么情形?
> ● 如果向她求助会让你感到不舒服,请留意你的身体感受和随即出现的自我保护。你内在的声音在说什么?

缺少这些基本功能中的任何一个,都会在人生的发展中留下漏洞。理解存在什么样的漏洞,是填补漏洞的第一步。我们将在本书后面的章节回到弥补具体缺陷的问题上。

读完这章可能让你觉得有点郁闷。绝大多数缺乏母爱的人都对好妈妈的面貌(如果有的话)知之甚少。请不要绝望!这些漏洞都不是永久存在的。虽然它可能不会被养育你的母亲所填补,但我们可以在成年后生活的某些地方体验到所有这些功能。

依恋：最初的基石

我们生命中第一个人际任务是和主要照顾者（通常是母亲）建立联结。这对生存至关重要，因为作为婴儿，我们完全依赖他人来满足自己的基本需求。"依恋"一词最常用来指代这种联结，而关于依恋的行为和"类型"已有大量的研究成果。依恋对我们的大脑发育、心理健康和未来的关系都有重大影响。

虽然孩子和母亲的关系不是这一切的唯一影响因素，但是原初的、多数情况下也是主要的影响因素。幸运的是，我们还可以跟父亲、祖父母、保姆、日托工作人员以及其他照顾者建立安全依恋关系，也可以在成年后与母性形象、治疗师、朋友和伙伴建立安全依恋关系，从而获得许多早年未曾得到的益处。

依恋如何形成，什么是安全依恋？

依恋始于生命中第一段关系，也就是和母亲的关系。这种关系很早——甚至在出生之前就开始了，但肯定是在生命的最初几小时、几周和几个月内成形的。它可能很大程度上受到出生环境的影响，包括父母有没有准备好、是不是渴望孩子到来，母亲生产前后的心理和情绪状态，以及产程。（研究表明，剖宫产分娩的母亲需要更长时间才能和孩子形成依恋。[1]）甚至母亲的激素水平也有影响，高水平的催产素会让母亲有更多的依恋行为。[2] 母婴之间的依恋质量受许多因素影响。

依恋是通过同调和关怀建立的。在母婴关系中，它主要是由婴儿的需求（通过所谓的依恋行为来表达）和母亲对这些需求的反应产生的。事实上，母亲的回应、回应的稳定性和质量是关键因素。[3]

研究表明，依恋不仅来自满足婴儿迫切的生理需求，也来自互动的"质量"。婴儿看着母亲，母亲也看着婴儿，他们之间传递着微笑、镜映动作、下意识的同步舞蹈。

对形成安全依恋最重要的养育行为包括：

- 以及时、稳定、同调的方式满足孩子的身体和情感需求。
- 以欢迎的态度回应孩子亲近的尝试。母亲要迎接想靠近她的孩子，而不是转过身去，或只是冷淡地接待。她必须显露出自己也想要亲近。

- 理解孩子的情绪状态并表现出共情。
- 怀着爱意注视孩子。研究人员指出,这是促进大脑中负责社会行为的部分发展的最关键因素。[4]

如果知道可以去找母亲,知道我们的需求会被满足,情感会被理解和接受,我们在关系中就会感到"安全"。我说过,这是大孩子可能会经历的,但这种模式主要是在人生里第一年定下的,当时我们的认知处在更原始的水平。我们哭的时候,母亲有时在身边,有时不在;她有时照顾到了我们的需要,有时没有。在心理学家埃里克·埃里克森的发展模型中,这关系到我们在人生中第一年形成的基本信任感。当这个世界(通常在母亲身上)始终如一地满足我们的需求时,我们就建立起信任,相信会拥有需要的东西,并且认为世界是一个安全的地方。这就是现在许多人所说的"安全依恋"。

大量证据表明,如果在最初几个月里建立了安全依恋关系,并且没有中断(由于丧失,或孩子难以承受的分离,或不再被同调),在整个童年期,它都会趋于稳定。

为什么依恋如此重要?

依恋关系是孩子和依恋对象之间的黏合剂,对许多领域的发展都至关重要。

首先,它很自然地影响到自尊。"有安全感的人会觉得自己强大、能干、有价值、可爱和特殊——这都要归功于被重视、被爱、被体贴的依恋对象当作独特的人。"[5]他们在自尊的各个量表上得分更高。[6]

其次，安全依恋为我们提供了所谓的安全基础，它的意思正如你可能猜到的：进入世界并进行探索所需的安全感。如果没有这种安全感，我们就不太愿意离开巢穴，甚至不去看自己的内心，发展因此受阻。

作家兼治疗师苏珊·安德森描述了安全依恋是如何促进独立的：

> 作为孩子，你需要联结才能前进。作为婴儿，你依靠母亲提供所需的养育，你的注意力几乎完全集中在这一关系上。当你开始蹒跚学步、变得更独立时，她就成了背景……如果有什么东西干扰了这种发展——比如妈妈不得不长期住院——你的独立能力就可能被延迟。[7]

安德森接着阐述说，当你的依恋需求受挫时，它就变成了首要的需求；得到满足时，它就融入背景。拥有安全依恋关系的儿童和成人都不会把注意力放在让别人看到或支持他们上，而能专注于满足其他需求。

除了提供一个安全基地来探索世界和处理其他事物，依恋还会带来一些长期影响。研究表明，拥有安全依恋关系的儿童有更好的情绪灵活性、社交功能和认知能力。[8]他们更有开创性。[9]中学时，他们更能应对挫折和挑战，落后时会更加努力，而不是像没有安全感的孩子那样崩溃。[10] 安全型的儿童会成为适应性良好的成年人，他们有能力形成安全依恋关系、调节自己的情绪，对世界抱有乐观的看法。[11]

相比之下，许多研究表明，各种形式的不安全依恋可能和情绪僵化、社交困难、注意力障碍、难以理解他人想法，以及无法应对压力情境有关。[12]

后者是因为，那些不安全依恋的人对压力的反应更不健康。压力应对能力在我们对许多精神和身体疾病的易感性中起作用。压力应对能力是由激素皮质醇调节的，不安全依恋的儿童因过量的皮质醇循环而处于不利地位。高水平的皮质醇和抑郁、焦虑、自杀倾向、进食障碍和酗酒有关。过多的皮质醇会损害大脑中负责获取信息和清晰思考的部分。[13] 高皮质醇也被认为会导致失眠。

研究人员研究了作为安全依恋基础的互动如何影响大脑发育和功能。[14] 和复杂社会行为相关度最高的大脑区域（如此之高以至有时被称为社交大脑）对这些早期互动特别敏感。听起来也许有过度简化之嫌，但这些关爱、同调的互动实际上扩展了这部分大脑的功能，而它负责重要的社交能力和社交智力。[15]

因此，从神经元生长到一个人的自尊感，安全依恋都非常重要。有些人认为这是最关键的童年需求。

怎么知道和母亲是不是安全依恋？

你不会确切地知道早年和母亲的关系到底怎样，但以下是一些重要线索：

- 记忆中捕捉到的早年关系的瞬间
- 关于早年和母亲的关系，你现在的感受
- 你人生中的关系模式，尤其是你与他人建立牢固关系的能力

最后一条很复杂，需要一些时间才能形成清晰的认识。首先，让我们探讨一下你早年和母亲的关系：

- 你记得那些亲密的时刻吗？她深情地抱着你，微笑着表达爱意？如果有，这些时刻更像例外还是常态？
- 还记得有需求时去找妈妈的情形吗？是什么样的需求？是典型的童年需求吗？她是怎么回应的？
- 尽你所能回忆或检视你的情感反应，你想亲近的尝试受到欢迎了吗？
- 别人怎样描述儿时的你？

你也许无法回忆起太多内容，但你的感受和冲动往往是线索，还有那些你可能无法有意识回忆起的互动残留的印象。它们有事情告诉你。聆听吧，如果能够的话。

如果你没有建立安全依恋呢,那会是什么样?

如果你没有建立安全依恋,你其实有很多同伴。研究表明,约有三分之一的孩子经历过不安全依恋,并倾向于代代相传。[16] 这一数字在抑郁母亲的孩子中攀升至一半。[17]

有大量对不安全依恋"类型"的描述。在这个领域,不同作者使用了不同的术语,有时会让人感到困惑。对每种类型,我都选择了最容易记住、最具描述性的术语,以及较知名的研究人员使用过的对应术语。

自我依赖型

不安全依恋中最大的一类有多个名称——"强迫自我依赖型"(鲍尔比),"回避型"(安斯沃思)和"疏离型"(梅因,指成人的这种类型)。

当母亲一直拒绝,或不予回应、情感上不易得时,孩子就会放弃,明白在关系中有需求是徒劳或危险的,从而关闭需求和依恋的感觉。这就是这一类型的本质所在。

具体地说,回避型孩子的母亲会:

- 拒绝婴儿的依恋需求和试图获得依恋的行为
- 对依赖的信号感到不适或有敌意
- 不喜欢亲热和面对面的接触

- 对拥抱和身体接触更是反感
- 较少表达情感[18]

当母亲抱着孩子却没表现出快乐，婴儿最终会放弃对拥抱的自然渴望，被抱的时候，会变得像袋土豆一样软塌塌的。

这些孩子"关闭了愿望"。当然，愿望不可能完全被关闭，只是和意识断开了联结。你的愿望转移到潜意识中，在那里以非常原始的形式存在，而且附着了一种强烈的急迫感。

在这种情况下，孩子感觉到父母不想处理他们的需求和情绪，并学会隐藏情感。婴儿期像袋土豆一样软塌塌的孩子，到了上学的年纪，当母亲问起他/她的一天时，只会回答一个词，并总和母亲保持距离。这种孩子不会找母亲求助。即使母亲以后想和他/她有更多连接，孩子也会很警惕，把自己藏在一堵墙后。

切断情感是要付出代价的。如果照顾者没有关注并回应情感，孩子——包括成年后——将很难关注自己的感受并用语言表达出来，也不擅长对别人的感受有细致的理解。[19] 可以想象，缺乏情感意识和情感交流会成为日后亲密关系中的障碍，在亲密关系里，他们会表现得更隐蔽、更疏离。跟愿望一样，他们的情感也不会消失，而是潜伏到了意识之中。

正如一位研究人员所说，以这种依恋类型为主的人关闭了他们的依恋需求，他们对与依恋相关的信号充耳不闻。[20] 最好尽可能地自我依赖。这种类型的人在关系中会穿更多铠甲，而且往往不允许有太多亲密。和别人足够接近、在之后的生活中发展真实的依恋情

● 第一部分 我们对母亲的需要

感会让他们感到恐惧；当他们完全依赖一个人时，就会因和婴儿期被拒绝时的痛苦靠得太近而无法承受。

迷恋型

不安全依恋的另一种表达方式是我们传统中认为的不安全行为，比如黏人、需要保证、总想更亲密。这种模式主要恐惧的是依恋对象离开，可称之为被抛弃的恐惧。当然，自我依赖型的人也害怕被抛弃，但可以通过不让自己感觉到关系的重要性来保护自己。

这种类型被称为"焦虑型依恋"（鲍尔比）、"强迫寻求关怀型"、"矛盾型"（安斯沃思）、"依赖型"和"迷恋型"。这些名称都反映了该模式的一些重要特质。依赖和寻求关怀是显而易见的；矛盾则稍微复杂一点。这种类型的孩子既表现出对亲密的强烈需求，也有愤怒、拒绝的特质。在陌生情境实验这种广泛使用的研究设计中，一岁大的孩子在母亲离开后非常痛苦，但当母亲试图弥补时却很难接受她的照顾。他们在苛求、黏人和充满敌意之间来回摇摆。我选择"迷恋型"这个术语是因为，通过这两类行为，这些孩子（及成人）如此焦虑地纠结于别人有多靠得住，以至于这主宰了他们的生活。

和这种依恋类型相关的母亲，并不像自我依赖型孩子的母亲那样总是排斥他人，但也没有足够稳定的回应来使孩子产生安全依恋。她们有时在，有时不在，有时似乎有爱，有时则莫名其妙地拒绝。迷恋型的孩子（及成人）不知道该期待什么。

3. 依恋：最初的基石

根据作家戴安娜·福沙的说法，不安全型依恋实际上是一种策略，用来控制由母亲的反复无常引起的不适情绪。"他们的应对方式——像老鹰一样盯着母亲，紧紧抓住她以确保她不会再消失——是由不稳定引发的。"[21]

不幸的是，用于确保理想依恋关系的策略常常会把人吓跑。长大成人后，这些策略包括：

- 对亲密的需求过高
- 对依恋信号过度警惕
- 常常质疑、测试对方的承诺
- 强调需求和无助，好让别人留下来
- 别人不满足自己的愿望，就施以惩罚
- 依恋需求得不到满足时发怒

独处，特别是在痛苦的时候，会让那些焦虑型依恋的人非常沮丧，当依恋对象离开时，他们会表现得不好。在后来的关系中，当伴侣离开时，他们可能会感到不安全，也可能会忌妒。焦虑型依恋的人总是在寻找爱情。[22]

这种类型的孩子似乎太沉迷于依恋关系而无法探索自己的世界，有证据表明，这类成年人会过于关注人际关系，而无法充分施展自己的才能。[23]

有些人会表现出兼有这两种模式，比如在切断情感和一头扎入感情之间交替，或者表现出疏离和自我依赖，然后坍塌成依赖模式。所有形式的不安全依恋的共同点是，不相信别人在情感上易得、能提供可靠的支持。

照顾者型

依恋理论识别出的另一种模式叫"强迫照顾型"。这种模式下的人否认自己的需求，而专注于他人的需求，[24] 会把帮助别人（不管他们是否想要）作为一种接近他们的方式。这和那些无法供养孩子但却乐意孩子照顾自己的母亲有关。[25]

大多数现代依恋理论并没有纳入这种类型。有证据表明，成人中的照顾者类型和儿童时期的迷恋型是有关联的。[26] 这符合直觉，因为照顾是保持联结的一种方式。

混乱型

有些孩子符合一种称为"混乱型"或"无定向型"依恋的类型。这一类型没有稳定的模式，他们表现出一种或多种依恋类型的行为特征，伴随着交替出现的混乱和恐惧。这也是大多数受虐待儿童的依恋模式。

当然，虐待孩子的父母不是只会虐待，有时也会提供必要的照顾。因此，他们既是恐惧的来源，又是安慰的来源，难免就会让人感觉混乱。[27]

于是孩子的行为也会不稳定。这样的孩子在父母面前可能显得困惑不安，有时甚至会晕头转向。如果母亲有时安慰你，有时又好像失控了、来打你，你怎么知道去找她是不是安全呢？为什么她有时会那么心不在焉？（忽视和虐待的父母往往是未经治疗的创伤受害者。）

父母滥用酒精、药物，或长期抑郁，他们的孩子中也常常会产生混乱型依恋。[28]

这些孩子跟父母在一起时经常承担照顾职能，本质上完全放弃了孩子的角色。细想一下，这是非常聪明的反应。这种情况下的孩子往往会发现，成年人并不真正可信，又或者是能力不强，所以自己担任供养者的角色可能更安全。

和混乱型依恋相关的影响包括：

- 情绪、社交和认知功能的明显受损[29]
- 无法抚慰自己[30]
- 觉得一切遭遇都要归咎于自己，自己是没有价值的[31]
- 感觉与周围的世界格格不入
- 警惕、不信任，避免亲密[32]
- 使用分离、分心和/或攻击、退缩作为应对机制[33]
- 大脑容量较小，连接大脑两侧的纤维受损[34]

虽然混乱型依恋是已识别的依恋类型中最不安全的，但它并不等同于依恋障碍。依恋障碍指的是无依恋的状态，通常指的是"反应性依恋障碍"（RAD）。患有依恋障碍的孩子不会和主要照料者产生依恋关系，也不轻易与任何人发展关系。它跟严重的早期忽视、虐待、三岁前与照料者突然分离，以及照料者的频繁变化有关。

● 第一部分 我们对母亲的需要

什么是依恋创伤？

有许多和依恋对象相关的事件会对孩子造成创伤。对一个年幼的孩子来说，被独处是创伤性的；[35] 孩子不能处理的分离是创伤性的；依恋关系的严重中断或失去依恋对象是创伤性的；依恋对象实施身体或性方面的虐待也是创伤性的。

孩子在急需帮助时被遗弃也是一种创伤，会引发依恋损伤。比如在父母两人之间，你告诉其中一方另一方正在虐待你，而你告知的这方却不相信，或者忽视/轻视你所说的话，不保护你。请记住，你本该从和依恋对象的关系里感受到世界是安全的。安全依恋源于你的需求被满足。在紧急状态下不受保护或遭到忽视，孩子会觉得遭到了遗弃或背叛。

任何年纪的创伤都是毁灭性的（见我的书《从创伤中疗愈》），但当它和依恋对象结合在一起时，留下的印记几乎是不可磨灭的。

也许你对母亲不是安全依恋，但这真的是她的错吗？

虽然孩子们来到这个世界时有着很大的不同，但许多人都支持一种观念，即照顾者的行为对形成安全依恋是至关重要的。特别要说明的是，婴儿可能跟父母中的一方是安全依恋，而跟另一方是不安全依恋。这种情况下，如果给予适当的回应，婴儿显然有能力去

3. 依恋：最初的基石

依恋。

有证据表明，指导母亲并帮助她们对孩子做出更积极的回应，可以改变依恋模式。母亲同调回应能力的提高，在短期内就能增强孩子的安全依恋。[36]

让母亲为我们的不安全依恋负责，并不是说她不好、不关心孩子，情况可能有很多种。比如，她可能爱她的孩子，但被人需要会让她感觉害怕或挫败。不幸的是，这往往会带来恶性循环，她越是退缩、越不去照顾婴儿，婴儿就越要表达自己的需求，而这种需求的信号和背后的紧迫感又会吓到母亲。还有其他影响因素，比如不擅长理解婴儿发出的信号；心事重重、不堪重负，或情绪抑郁；没有安全感，对拒绝过于敏感；自己没得到过好的养育。如果她的母亲无法慷慨地给予或满足她的需求同调，如果她的母亲太忙碌、太冷漠，这就会成为烙在她身上的模式，让她不知不觉地重复。当人们发现自己因缺失某种东西而如此痛苦、别人却能得到它时，常常会感觉深受伤害，难以忍受。母亲也会受困于此。

我们稍后会谈到更客观地理解你母亲的情况，不过现在最好让她来为你的早年关系和依恋风格承担责任，而不是去想你自己做错了什么。即使你是这双人舞的一部分，即使在复杂情况下，母亲和孩子会互相镜映对方的转身，母亲作为成年人，也更有责任意识到并改变这种模式。

如果你过去只是建立起部分的安全依恋，现在还能发展出完整的安全依恋吗？这对你有什么帮助？

即使你从未产生过安全依恋，也随时可以开始发展它。安全依恋会带来很多益处。包括：

- 在这个世界上给你一只锚，一个你可以与之联结的地方
- 让你对他人的看法更积极，对生活的看法更乐观
- 有助于建立一种如影随形的安全感
- 给你一个可以休息的地方，在那里你并不孤单，有人拥抱你
- 提供良好感觉的平台，增强自尊和自信
- 让你在未来更有可能接触到可以满足你需求的人
- 强化神经通路并刺激大脑发育
- 提高自我调节能力

和值得信赖的人发展安全依恋，对弥补母爱不足留下的缺陷是很重要的。

识别依恋对象

作为成年人，我们的依恋对象通常是亲密的伴侣，也可能包括治疗师或其他助人者、母亲的替代者和最好的朋友。一些孩子有想象中的朋友，可以满足自己的某些需求，很多人——包括成人和儿

童——还会依靠宠物来获得安慰和联结的感觉。

如果你不确定谁会是或有潜在可能是你的依恋对象，可以问问自己：

- 当我最难过的时候，去找谁会觉得最自在？在需要的时候我能去找谁？
- 我相信谁真的在乎我？谁关心我是为了"我"，而不是为了我给他们的东西？
- 如果我处在几乎完全要依赖别人的状态（比如发生重大事故或疾病），我想和谁在一起？
- 我相信谁会一直在我身边？

你的依恋类型是什么？

如果你还没识别出自己属于哪种依恋类型，请读读下面的描述，看看哪个类型更像你，也许会挺有意思。注意，这些针对的是成年人和亲密关系，而不是母婴关系。[37] 我将它们分别限制在三项之内。已经有人研发出很长的研究量表，但你可以先尝试一下这个小样本。

A 型

- 我常担心伴侣不会真的爱我，或不想和我在一起。我有时会沉溺在这种担忧中，表现得十分忌妒，甚至在友谊中也会这样。
- 有时我对亲密的渴望会吓跑别人。

> 当别人表现得看不见我的需求时,我会困惑。如果他们关心我,就不会让我受到这样的伤害。

B 型

> 我不喜欢必须依赖别人的感觉,这仿佛是受伤的铺垫。

> 我宁愿不向别人表现出我的脆弱。事实上,我宁愿不感到脆弱!

> 别人离我太近时,我会很紧张。

C 型

> 我对依靠别人和让别人依靠都感到很自在。

> 我发现与人亲近相对容易。

> 我相信大多数时候别人会在我需要时帮助我。

D 型

> 我通过满足别人的需求来接近他们。

> 我认为,如果满足了他们的需求,他们就不会离开我。

> 似乎不可能同时满足我们双方的需求。

说得清楚些,A 是迷恋型,B 是自我依赖型,C 是安全依恋型,D 是强迫照顾型。由于混乱型依恋缺乏明确的风格,使用这样的工具来进行自我识别要困难得多。如果你仍然不能识别这些依恋类型,网上有更长的依恋类型测验,它们使用等级评分,会让你对自己的依恋类型有更清晰的认识。

3. 依恋：最初的基石

有很多方法可以深入挖掘你的依恋类型，现在来说说你在生活中可能注意到的另一些方面。

一个有趣的线索是你在那些感觉被遗弃的情境下如何反应。关于依恋类型的一些早期研究，是让母亲离开年幼的孩子一段时间，然后重新进入房间（陌生情境实验）。当母亲回来时，那些更防御、更疏离（自我依赖型）的孩子最难重新建立联结。他们常常无视母亲。这些孩子其实是在表达："哦，是你。你对我并不重要。"相反，他们专注于自己做的事情。矛盾型依恋（迷恋型）的孩子在母亲离开时往往很烦躁，但在她回来时表现出怨恨，掺杂着愤怒或无助。

请留意自己在依恋对象离开时的反应。向所爱的人表达思念会让你感觉太脆弱吗？他们回来时，你觉得再亲热起来困难吗？你会不会过于关注失去，以至对方回来时仍难以释怀（就像典型的迷恋型、矛盾型依恋一样）？你想为先前的离开惩罚他们吗（迷恋型／矛盾型更容易这样做）？在上述研究中，相比于幼儿对分离的反应，他们在与母亲重新建立联结的反应更能说明依恋类型。

我相信，在重要关系中对失望和受伤的反应，也会说明我们基本的安全感／不安全感。当有人让你失望时，你会产生什么反应？也许你期待别人认可你生活中的一件大事，他们却全给忘了。即便这个疏忽并不大，你会不会感到崩溃？你内心会有点退缩吗？你想多少惩罚一下对方吗？你会不会试着让这件事显得不重要，来掩饰你的失望，还是能把失望表现出来？安全依恋能增强复原力，让我们更能表达自己。我想，那些自我依赖型会隐藏受伤和失望的感觉

● 第一部分 我们对母亲的需要

（以及对亲近的渴望），而迷恋型的人也许会强调这些感受，在需要时利用内疚感——他们这样做，都是在试图建立更安全的关系。（我关注的是这两种不安全的亚型，因为对它们的研究和讨论最多。）

你有不止一种类型吗？

你当然可以有多种类型的特征。不必在类型上太较真，审视与之相关的一系列光谱会更有帮助，比如对依赖和展示脆弱是否感到自在、比如亲密的能力、处理情绪的能力、对安全和被需要的感受——这些我们都将在后面的章节中继续讨论。

把这些作为特定关系中的特质来思考也是有帮助的。正如孩子会对父亲和母亲表现出不同的依恋类型，我们在不同的成人关系中也会表现出各式各样的依恋特质。审视类型的价值在于阐明这些元素并找出其模式，同时也要考虑到，这些模式最初是在我们最重要的早年关系中建立的。

你和母亲的关系真的会影响以后的关系吗？

无论你和母亲是没有关系、有安全幸福的关系还是介于两者之间，你都不可能逃脱这种核心关系的影响。

婴幼儿时期发生在你身上的事情，有力地塑造了你对自己和他人的看法、你对关系的期望、对自己的感觉，以及学到的防御性的习惯（和健康的习惯！）。

比如，如果你享受安全依恋，就会知道，表达对亲密或慰藉的需要，或表达自己的需求，一般是可以的；事实上，它是建立关系的基础。但如果你的母亲（或母性形象）一直拒绝这些对爱、支持和保护的请求，你就不仅学会了停止表达这些需求，还学会了切断对它们的意识（自我依赖型）。如果母亲前后矛盾，有时积极响应，有时不回应，你可能就学会了：确保依恋需求得到满足的唯一方法是把注意力放在他们身上，密切关注和你有关系的人，持续强调你的感受和需求（迷恋型）。

现在花点时间反思一下自己的状况。

- 从目前学到的东西里，在是否展示自己的依恋需求这一点上，你的模式是什么样的？这和你作为青少年和成人的经历有什么关系？
- 这和你想象中儿时跟母亲的依恋模式有什么关系？

改变依恋模式有多难？

儿童期改变不安全依恋模式是最容易的。我提到过，指导母亲更好地和婴儿同调可以取得非常快速、积极的结果。模式在特定关系中存在的时间越长，逆转就越困难。

不安全依恋的儿童被认为在早年相对容易改变，这主要与他们发展安全依恋的能力有关，它有助于抵消（并提供替代）和母亲的不安全依恋。[38] 研究表明，对父亲（或另一位次要看护人）的安全依恋是孩子弥补或克服对母亲不安全依恋的最重要因素。[39]

作为成年人，改变我们的基本依恋模式有点困难，但到那时我们就有了一套新的选择。我们更有能力在哀悼旧时创伤、发现核心信念、建立新的存在方式等方面展开治疗工作。如果我们拥有的关系可以创造出新的、更健康的模式，我们的期待和态度就会发生改变，我们的努力也会有一个新的起点。这些将在后面的章节中进行详细讨论。

记住，我们有形成依恋关系的本能，这是大自然的旨意。

4 更多模块

依恋只是构成人格的众多模块之一。在这章中，我们将快速回顾安全关系，然后继续讨论其他有助于促进孩子自我意识发展的因素。

安全感

孩子的安全感和成年人的有些不同——虽然正像有些人说的那样，在紧急情况下，人们都希望和对自己最重要的人联系、接触，当炸弹在空中飞舞时，我们会紧紧抓住最爱的人。

对幼儿来说，安全就是身处一个同调、关爱的环境中。它不是门上的锁，而是"妈妈会注意我，会记挂我。我对她来说很珍贵，她不会忘记我的"。如果妈妈消沉、心不在焉或生气，不提供这种

● 第一部分 我们对母亲的需要

环境，孩子就会感觉不那么安全。当你依赖别人时，安全感就是觉得你所依靠的人靠得住。

要想理解依赖的脆弱性，可以想象你在一架只有一个飞行员的飞机上，发现飞行员喝醉了，或者你去做手术，发现外科大夫不知道自己在做什么。对孩子来说，在母亲这里存在情感缺失，就像一个人发现船长只是一个人体模型，而不是真正的人类一样。

孩子的安全感源于很多方面——感受到母亲有能力，感觉母亲和自己同调，以及感觉自己被拥抱。一位女性在日记里从内在小孩的角度写道：

> 我想要全身上下都被包裹在粉色的毯子里，想要感受到安全的拥抱、安全包容。安全。这似乎是种新的感受。被包裹在一个温暖、安全的地方，保护无处不在……如果我被安全地包容，就不需要自己抱紧自己了。

考虑到儿科医生和精神分析学家唐纳德·温尼科特的说法，最后这句话很有意思。温尼科特说，母亲"把孩子的各个部分抱在一起"。她是孩子的黏合剂和容器。当母亲真的在场，怀着爱意抱着孩子，孩子就有了可以抓住的东西。归根结底，那是母亲的心。

值得重申的是，这种由关系提供的安全感，这种安全基地，使得孩子能安全地探索这个世界。如果有一个安全的地方可以回来，我们就能离开；同样，如果我们被安全地拥抱，就不需要紧紧抓住什么。研究表明，安全（依恋）的婴儿在感到安全时会进行探索，在感到不安全时寻求联结。这是我们与生俱来的程序。

另一方面，无法感到安全就会让焦虑占据上风。心理健康领域的许多学者都把焦虑看作不健康防御的基础和精神病的根源，而焦虑就是从这里开始的。它缘于在我们无法独自应对的情境中产生的孤独和无助感，缘于和不提供帮助、不给予回应的照顾者的关系。[1]

幸福的家

对孩子来说，和母亲的安全关系是他成长的第一级容器，而幸福的家是更大的第二级容器。这就像把一盆室内植物栽在良好的土壤里，然后放在光照和温度适合的房间里。

幸福的家是让人待着会感觉良好的地方。人们彼此友好，内心平静。家庭成员认识到家是一个合作单位，每个人的需求和满足都很重要，而作为孩子，你会觉得自己的需求最受重视。知道这一点，你就有了一席之地，它为拥有需求、成为自己提供了支持。

在幸福的家里，没有持续不断的危机需要你去解决，你也不会因为太小，什么都解决不了而要想着怎么熬过去。大家不会陷入权力斗争，没有冷战，也没有热战。在幸福的家里，你完全不需要屏住呼吸，你可以放松，做你自己。

幸福的家可能有一位居于次席的家长（不一定是另一性别），但并不是必需的。如果母亲得到其他重要成年人的支持，她会很高兴。如果这些关系中存在持续的摩擦，就没什么帮助了。在幸福的家里，可能有一个或几个孩子，可能有宠物，也可能没有。在一个充满压力和匮乏感的家里，照顾更多生命会让母亲感到精疲力竭；但在一个幸福的家里，母亲似乎有足够的东西去满足每个人而不产生怨恨。她好像喜欢付出！（那些没经历过的人可能会对此感到震惊。）

感觉妈妈是快乐的，对孩子来说是很大的福气。想象一下母亲面带笑容的快照。她很高兴在这里，她对你和照片中的其他人都很满意，那一刻，她不需要任何别的东西。她很放松！当妈妈放松、微笑时，我们会觉得她的世界是最好的。而如果她的世界是最好的，我们的世界也就是最好的了。

但是，如果妈妈心不在焉、忧愁、抑郁，我们就得不到这样的支持，很难放松下来，全然待在当下。当妈妈沉默寡言、疲惫不堪时，健谈、富有表现力会让人觉得不合时宜，在哪儿也不能开心，除非我们装出开心的样子好让母亲振作起来。如果母亲快乐，我们就不会有这些负担，只要表达真实的自己就行了。

出了问题是可以解决的！

一个幸福、健康的家并非没有问题，但这些问题可以得到解决，而不是被隐藏起来，集结成大问题。冲突会得到化解，成年人有能力应对各种需求。

这在人际关系中至关重要。孩子需要明白，愤怒和争吵都会发生，但这些破裂可以得到修复。在第 1 章里，我描述了足够好的妈妈如何经常偏离目标，而一次又一次地修复关系中的裂痕可以巩固联结、增强适应性，母子关系、咨访关系、伴侣关系和其他任何重要的关系都是如此。我们需要知道，对方可以处理这种破裂带来的不安，并不会就此走开，而且我们可以一起修复它。

这一点只能通过体验来明白。我还记得自己接受心理治疗时受到了多大冲击，我的沮丧和愤怒终于冲着治疗师爆发——下一个想法就是我可能要告别这段关系了。显然，当时我以为，如果表达了自己的愤怒，就会永远摧毁我们之间的联结。而事实上，这段关系不仅没有被破坏，反而更加牢固。但之前没有任何参照和过往经验告诉我这种事是可能发生的。我从来不敢对家人表达愤怒，我在这种破裂和修复的过程中明显缺乏经验。

知道裂痕可以修复是安全依恋的另一个方面，能增强孩子的适应性。

归属感

影响孩子归属感的因素很多，一些是明显的外在因素，比如同一个姓氏、同一个家、和家人有相似之处——眼睛、鼻子或嘴巴看起来是一样的。

安全依恋会建立深刻的归属感，它给你一个停泊的地方，让你

●第一部分 我们对母亲的需要

在生活的网中占有一席之地。这个地方比任何关系都重要，与我们建立第一段关系的母亲为此奠定了基础。之后，我们在团队、部落、邻里、俱乐部、社区、国家、社会运动中，或者通过拥有孩子和伴侣来找到归属感。当我们在其中一些层面有归属感时，就会感觉被纳入其间，是它们的一部分。

感觉有价值和被理解也是归属感的一部分。如果一个家庭声称你属于他们，但你并不觉得他们真的理解你、懂你，你就会在自己家里感觉像个局外人。

自我的萌芽

婴儿正在形成的自我高度敏感。好妈妈会知道这一点，以极大的关心和尊重对待它，就像对待他们之间日益加深的联结一样。他们之间的互动就像来回穿梭的纱线，在心与心之间编织。

这些互动对于塑造自我意识至关重要。婴儿的自我意识还没有以独立个体的形式出现，而是浸透在与他人关系的感受中——在当前的语境下，就是和母亲的关系。

母亲是孩子发展自我的推动者，她的支持和鼓励，对孩子正在形成的特质来说必不可少。孩子的"真实自体"要有机会立足，就需要被看见。让孩子知道自己被看见的唯一途径，是别人能镜映他的情感和体验，认可它们，为它们欢欣鼓舞。如果孩子的独特品质没有得到镜映或支持，它们就无法成为孩子的根基。于是，孩子没有以自己的天性为根基，而是适应了他觉得自己该做的事情，形成了虚假自体。有些人的这种虚假自体（每个人多多少少都有一些）遮蔽了其他一切，成了自己唯一能看到的东西。

成长环境

想要有机会发展真实的自我，我们需要一个可以成长为自己的环境，它提供我们充分发展所需的各种原料。正如土壤中矿物质不足会使植物长得矮小并改变其性状，早年环境中滋养不足也会阻碍我们的发展。

除了前面讨论过的镜映和同调回应，这些滋养还包括无条件的接纳（"我接纳你，如你所是"）、尊重和珍视。你需要因真实的自己受到重视，且仅仅因为真实的自己而受到重视。如果感受不到这一点，你就会觉得别扭，好像没有归属感，这会让人很难拥抱生活。

在家庭中，受到尊重和珍视的是那些得到强化的东西。这里有一个练习可以来探索这个问题。

- 看看下表中哪些是你的家庭看重的。
    - ☐ 智力
    - ☐ 优势和成就
    - ☐ 甜美
    - ☐ 天真
    - ☐ 娇柔

● 第一部分 我们对母亲的需要

☐ 敏感

☐ 坚韧

☐ 幽默和搞笑

☐ 强硬

☐ 慈爱

☐ 需要别人

☐ 自信,有时"心里只有自己"

☐ 感受自己的存在,享受和世界的接触

☐ 有吸引力

☐ 助人行为

☐ 表达情感

☐ 想象力和创造力

● **注意哪些特质被忽视了,就好像它们不存在一样。还有哪些被嘲笑、贬低了?你能从中看出什么?那些在你成长过程中没被重视的特质后来怎么样了?**

通过深入地想象,我们可以获得新的体验。先选择一个不受支持的特质,然后想象一个对你很重要的人,他看到了你身上的这一特质,真心为它欢欣鼓舞。想象他说这是他最喜欢你的地方之一。注意你的感受,把这种感受一路带进身体里去体验。

我们往往需要克服自己对这些不受重视的特质的排斥,并努力争取拥有这些特质和行为方式的权力。

支持孩子做孩子

想想孩子之为孩子会有哪些特点，比如：

- 依赖

- 需求很多

- 对挫折的容忍度有限，需要事物恰到好处

- 天真无邪

- 还没发展好，做事不熟练

- 非常直接、真实地表达情感

- 寻求亲密和爱

- 娇柔而甜美

如果没有受到责备，这些特征不是会普遍存在在所有文化和环境下的孩子身上吗？

一个更有说服力的问题是，这些特质难道不正是我们家庭中常常忽视或拒绝的部分吗？在某种程度上，别人不认为我们作为孩子是有价值的，而认为当我们不再是孩子时才有价值。

当然，我们需要父母的鼓励，需要他们重视我们日益增长的独立性和控制力，但那些缺乏母爱的孩子在发展成就上得到的支持往往比在孩子天性上得到的支持更多。比起满足孩子的需求，成年人常常更想看到孩子摆脱了这些需求。

父母拒绝这些比较柔软的特质可能出于很多原因。他们自己在

● 第一部分 我们对母亲的需要

成长过程中往往不得不尽快跳过这个阶段。比如，如果女性儿时的甜美特质没有得到支持，就会很难接受自己孩子的甜美——它会摩擦自己的伤口。依赖、敏感和其他柔软的特质也是如此。或许母亲的纯真被早年的苦难或虐待摧毁了，她责怪自己的开放和不设防。她会将这种情况视作危险，当她的孩子看起来脆弱时，她就会感到不舒服。

有时，过度的压力和困难会影响母亲滋养这些柔软特质的能力，但罪魁祸首往往是她自己的童年经历。此外，如果她曾被期望快速成长，把童年需求和限制抛在脑后，她往往就会对自己孩子的能力抱有不切实际的期望。正是这些母亲经常变得易怒、爱动粗。

● 再看一下幼儿的天性，你认为你父母支持的有哪些？
● 你认为是什么让你母亲难以接受这些柔软的特质？

要想自然地发展，需要按自己的步调来。事实上，被逼迫的成长、在压力下的成长，往往都是扭曲的成长。为了最终跨越童年，首先需要支持孩子的天性。

触摸

充满滋养和关爱的触摸，不仅是发展自我意识也是发展自我价值的重要组成部分。这是非常基本的需求，得不到触摸的婴儿经常会死亡。

你可能听说过生长发育迟滞（FTT），这是多年前在孤儿院发现的。尽管所有婴儿都得到了喂养，但是婴儿床靠后的婴儿发育不良和死亡率远高于靠前的婴儿。研究人员发现，差别在于那些离得远的婴儿没被抱起来过，得到的关注也比其他婴儿少，采取补救措施后，这种综合征就大大减少了。

有滋养的触摸会带来许多生理上的益处，包括促进神经系统生长、刺激免疫系统、降低应激激素水平等。而在情感和心理上，有滋养的触摸能让我们感受到爱、安抚和保护。

适当的触摸也有助于我们在身体里找到自己的位置。未被触摸的孩子可能会和自己的身体疏远，体验到不真实的感觉。[2] 扎根在身体中才能产生真实感，而触摸就是扎根于身体的一种方式。缺乏触摸或虐待性触摸也可能导致分离，即心灵和身体的分离。

说起来近乎怪论，但缺乏触摸也会导致一种被禁锢在身体里的感觉。在《触摸：皮肤对人性的意义》一书中，阿什利·蒙塔古写道："在很大程度上，触摸皮肤产生的刺激，让孩子的自我能从自己的皮肤里浮现出来。"蒙塔古解释了一个没得到充分触摸的孩子是怎样被锁在自己的皮肤里，从而把正常的接触体验为威胁的。[3] 这叫作"触觉防御"。这种防御可表现为对触摸麻痹或过敏，或者回避触摸。

没有得到足够正向触摸的孩子往往（无意识地）抗拒身体接触，好像自己出了什么严重问题。负面的触摸经常以粗暴、惩戒性或有敌意的形式出现，其中没有一丁点对孩子的重视。幼儿还没发展出认知来理解父母的不当行为和失败跟自己没有关系。一般来说，触摸剥夺发生得越早,其破坏性越大。

母亲对触摸孩子感觉不自在的原因有很多。如果她们自己没有得到足够有滋养的触摸,就可能产生触觉防御,或很难充分待在身体感受中。有滋养的触摸对她们来说可能很陌生,超出了她们的想象。虐待等因素会让她们对自己和别人(包括她们的孩子)的身体感到不自在。一个对自己身体感到羞耻的母亲往往会把这种感觉传给下一代。

以下问题可以帮你探索这一议题:

- 你小时候能得到什么样的触摸?(你可能会想到不同年龄段的自己。)
- 如果你母亲看起来不喜欢触摸,你觉得可能是什么原因?
- 如果你感觉没得到足够的触摸,这对你有什么影响?你会不会渴望接触,甚至不惜冒一些风险来得到它?你对不同种类的触摸都感到自在吗?
- 如果得到的触摸比较少,你会怎么理解这样的经历?抗拒触摸的感觉会引起你的共鸣吗?

爱是媒介,是信息

我们可以说触摸是媒介,爱是它传达的信息,但爱也是一种媒介,因为它是孩子成长的最佳土壤。每颗心都是被爱滋养的,当它接收到爱时,便会打开。被爱让人更能去爱。爱还有助于提高适应性。

能传达爱的不仅有触摸，还有音调、面部表情、反应、语言和照顾的质量。孩子能感觉到爱的深浅。

当爱存在时，它会联络其他的母性行为，比如保护、鼓励、支持、指导，并让它们更好地被接收到。爱的缺失则会让这些行为被体验为伤害，而不是帮助。比如，没有爱的时候，保护性的限制会被体验为束缚和不公；如果设下限制时没有带着爱意，孩子可能会把这些限制视为炫耀权力；如果给予鼓励时没有带着爱意，孩子感受到的可能是逼迫而不是支持；孩子甚至会觉得父母希望他成功是为了自己的荣耀。因此，没有爱，什么都不对劲；有了爱，最笨拙的养育方式也能得到原谅。

既然已经讨论了好妈妈提供的模块和基本功能，下面就来谈谈当这些缺失时会发生什么。

第二部分

当养育方式出错时

妈妈，你在哪儿？

幼儿没有能力去理解影响人们行为的所有外部因素。他们错误地认为，受到别人的伤害或遗弃，一定是因为自己做了什么。他们得出结论，认定是自己不好、不可爱。错误的感觉有时意识不到，但常常在某个层面存在着。在本书开篇《妈妈，你在哪儿？》这首诗的结尾，孩子问道："这是因为我吗？"

母亲失职留下的空洞

感觉自己在母亲心里不重要，会留下一个空洞。最常见的是感觉仿佛心里有一个空洞。这个空洞就是母亲本该在的地方。

细看的话，这种空洞包括三个层面。第一个层面是和外在缺失有关的表层。在这个层面，母亲的缺失多见于无人监管、缺乏养育、社会化不足的孩子身上。他们的发展比所需的慢一些，因为他们的语言、运动技能和最早期学习技能的发展没得到个别的关注和支持。

第二个层面是自我意识的空洞，这是母爱缺失造成的。准确地说，可以将其看作一系列的空洞。有因感觉不被爱而留下的空洞；没被镜映从而感觉不到全然的真实而留下的空洞；缺乏鼓励和赞美而导致的自信的空洞；没有归属感的空洞；感到无家可归的空洞；等等。

一位缺失母爱的成年人这样描述她对爱的极度渴望："如果你心里有个空洞，你就永远得不到满足。"她出生时是早产，一直被关在保温箱里，错过了正常的联结机会，这让她对爱抚和一切积极的关注都极度渴望。她在整个青年时代都有强烈的情感渴望，对任何一个似乎看见她的人都会产生迷恋。

这样的空洞往往会导致极度的孤独。一位女性记得，在四岁的时候感到一阵孤独，心想："这就是没有母亲的感觉。"她理性的部分反驳说，自己确实有个母亲。于是困惑产生了。也有人把这个空洞描述为一种空虚、寂寞和"情感上孤独"的感觉。

看看我们是怎样照顾自己的，第三个层面就会浮现，它有着和现实中的母亲同样的缺陷。我们不知道如何支持或鼓励自己，不知道如何做到耐心和温柔，不知道如何照顾自己的需求和局限——我们内在的母亲也有一个空洞。

5. 妈妈，你在哪儿？

本书涉及这种空洞的全部三个层面。通过阐述好妈妈提供了什么，并邀请你对照自己的经验，你可以看到自己的哪些能力丧失了或没有得到充分的发展。讨论治愈的章节（第 9 至第 14 章）是关于填补这些空洞的。

我们关于母亲在或不在的记忆很早就开始了。一位女性最初的记忆是躺在毯子上，伸出双臂，直到最终发现一直没有人来才放下。如果我们觉得做某件事完全没有用，就会放弃，并在多个层面陷于崩溃。

在工作坊中有时会用到这样的练习：躺在地板上，伸出双手呼救。如果你小时候经历过上述的徒劳，或者任何一种拒绝、惩罚的反应，你现在可能没法伸手呼救。一个很有说服力的发现是，即便是那些没受到过重大伤害的人，如果在练习中，充当母亲的人有少数几次没有回应，他们也会无法继续伸手呼救。

这些年来，我听到过很多这样的早年记忆。不少人都对这位不会到来的母亲感到愤怒，而最初表达这种愤怒的方式可能是敲打婴儿床和尖叫。我很少听到我的来访者说这种努力会奏效。他们的尖叫往往被忽略，之后他们便放弃了。但这种愤怒似乎仍然存在——藏在内心深处，而且成年后很容易被再次激发，比如，当老板同样没有回应时。

丽塔是一个中年人，在努力克服母爱被严重剥夺而留下的童年创伤时，她突然产生了一种幻觉：她看到自己是个婴儿，坐在一个腰部以上不存在的女人的膝盖上。她心里抱怨道："你怎么能这样对待一个婴儿?"这是个很强烈的意象。对孩子来说,情感缺席的母亲就像一个根本不存在的人。这是一种冲击、一种对生存的威胁,因而会对孩子的神经系统造成创伤。

对母亲身体在场的需求

婴幼儿当然需要抚养者的身体在场,否则就活不下去。太早、太长时间或太频繁的缺席会留下深深的伤痕。

我不认为女人一定要当全职妈妈。许多母亲要养家糊口,除了工作,别无选择;另一些母亲则能在提升母职能力方面得到丰富的收获和满足。研究表明,母亲的满意度是决定孩子表现好坏的关键变量。如果母亲因"不得不"而留在家里,可能会感到抑郁、烦躁,没有价值感。[1] 还有研究表明,高质量的保育可能会促进幼儿和大童的发展。[2] 最令人担忧的是在孩子们最不能容忍分离的第一年中长时间离开他们。工作时长是另一个因素,如果妈妈每天离开 10 到 12 个小时,就很难做到体贴和同调。

保证了一定程度的身体易得(这取决于孩子),质量就比数量更重要了。我见过这样的例子:当孩子和父母联结并感受到爱时,较严重的身体缺席也可以被原谅。这并不是说,重要的身体缺席无须付出代价,但和一些大部分时间在家的母亲相比,它的代价似乎还少一些。死亡造成的永久缺席则是另一个完全不同的主题,它会带来很多不同的影响。

当然，孩子的年龄是个重要因素。大一点的孩子有更多能量来让自己承受母亲不在场这个现实。如果他们早期得到很好的照顾，就有更多机会内化一个满怀爱意的母亲形象，并进一步发展健全的自我意识。

孩子应该参与到关于和母亲分离的讨论中，一直到十几岁时都该如此。这些孩子仍然有需要，而即将离开的母亲可以围绕这些需求解决问题。那些（和其他成年人一起）一次离开孩子几周、几个月而不进行这种讨论的，恰恰是在早期不能和孩子的情感需求同调的母亲。忽视孩子情感的母亲常常会把孩子想象得比实际上更独立。

母亲情感缺席时会发生什么？

丹尼尔·斯特恩博士写过几本关于母婴关系的书。他指出，婴儿很关注母亲的能量是不是在场。母亲是婴儿世界的中心，婴儿密切关注着她的情感世界。

婴儿感觉不到母亲的情感在场时，会非常痛苦。斯特恩描述了婴儿如何感到母亲"精神上徘徊在别处。那是他不想去的地方。当他认同了她，会感到她的情感迟钝正悄悄潜入自己的内心"[3]。本质上，婴儿如果有个分离的母亲，可能会跟随她进入分离状态，有时会表现出母亲的木讷和麻痹感。

分离模式可能来源于印刻了母亲的分离状态，也可能是我们自

● 第二部分 当养育方式出错时

己对于被遗弃的反应。一位富有洞察力的成年人从童年的视角指出："妈妈的存在支撑了我。当她走开时，我也走开了，失去了和自己的联系。"

可以理解的是，没有母亲做"锚"，孩子会更难停留在当下。孩子常常会为母亲的"走开"而责备自己，认为"是我太过分了"。

研究者在那些母亲情感缺席的婴儿身上识别出两种反应模式。一种是远离母亲，避免和她接触，以保持更愉快的状态。可以理解，如果母亲很少表达情绪，孩子往往会形成自我依赖的依恋类型[4]，因为依恋一个跟你在一起却心不在焉的人太痛苦了。另一种模式是斯特恩所描述的"尽最大努力去吸引母亲，把她拉过来——成为她的抗抑郁剂"[5]。对婴儿来说，这真是份苦差事！

所以，似乎只有三个选择：要么跟随妈妈进入没有感觉的黑洞，要么切断一些联结以避开这个黑洞，要么成为妈妈的拯救者。花点时间思考一下，如果母亲情感缺席，你会做些什么。(你可能在不同的时候把这三件事都做过。)

面对母亲情感空白的痛苦可以从"静止脸"实验中得到证实，该实验研究了婴儿对面无表情的母亲会有什么反应。实验要求年轻母亲们突然换上一张完全没有表情的脸，看着孩子时没有任何表情或动作。这个实验只持续了三分钟，但"在静止脸情景下，婴儿行为的固定模式是反复尝试引起母亲的反应，之后出现忧郁的表情、转离母亲的方向，最终变得退缩。这一切都发生在不到三分钟的时间内"[6]。研究者描述婴儿陷入自我保护状态，然后求助于自我安慰

5. 妈妈，你在哪儿？

的技巧。在住院的婴儿中也发现了相同的模式。婴儿依靠从母亲的能量和情感存在中获得的刺激来和世界联结。

在静止脸实验中，一旦母亲重新变得生气勃勃，先前是安全依恋的婴儿会再次和母亲亲热起来，回到跟从前一样的亲密关系共舞中；但如果母亲频繁地疏远、茫然、面无表情，或者孩子不是安全依恋时，会发生什么呢？如果母亲有时确实很吓人，结果会怎样？或者如果孩子经历过其他创伤——比如医疗创伤、身体或性虐待又会怎样？重新联结有那么容易吗？

作家苏·格哈德引用研究总结说："对婴儿来说，最痛苦的经历似乎就是无法引起母亲的注意。"[7]这甚至可能比虐待更难忍受。毕竟，母亲是婴儿和世界的纽带，是满足需求的最大希望——假如母亲是主要抚养人的话。

情感缺席的母亲常见于抑郁的女性。研究发现，抑郁的母亲和孩子的互动较少，她们的孩子表现出较少的积极情绪，在蹒跚学步时就变成不安全依恋，认知能力也较差。[8]（请记住，大脑在很大程度上是通过社交互动来开启和构建的。）压力还会导致肠胃和自主神经系统变得更加敏感，不能或不愿意和试图建立联结的成年人进行社交互动。[9]这样的孩子长大后往往不习惯温暖、有滋养的联结，仍然需要学习建立这些在婴儿时期就该拥有的东西。

抑郁母亲的脸太像静止脸实验了。缺乏非语言信号会让孩子得不到支持和指引。即使是微笑这样简单的事也有巨大的力量，能鼓励蹒跚学步的孩子迈出第一步，能传达安全和接纳，让孩子参与到关系中来。孩子有什么别的办法知道妈妈还好呢？同样，惊讶或不赞成的表情也能帮助孩子适应环境。母亲的反应是孩子进入这个世界的重要导航。

情感缺席的母亲无法提供好妈妈的许多功能，但其中最重要的也许是她的心不能给孩子。她没有和孩子建立起情感纽带。虽然其他类型的母亲也可能在提供好妈妈的功能（如指导、鼓励和保护）方面做得不好，但确实建立了联结。例如，高要求的母亲缔造了一种很大程度上取决于自己的需求而不是孩子的需求的联结。过度控制的母亲则和孩子建立了一种过度认同的联结。

母亲为什么会情感缺席？

以下是一些常见的原因：

- 她长时间处在悲伤中。
- 她有太多孩子要照顾。
- 她精神不稳定或抑郁。
- 外在因素让你们分离（战争、自然灾害、经济危机、牢狱之灾……）。
- 你们的关系没开好头，没有很好地建立联结。母职于她就像一份工作，这带来了内在冲突和/或羞耻。
- 她有自恋创伤，忙于满足自己的需求。
- 她不知道怎么做母亲，于是避开联结，以防御内疚和无能感。

5. 妈妈，你在哪儿？

- 她忙着照顾别人（生病的父母、配偶……）。
- 她被现实问题压得喘不过气来，比如一次次地搬家。
- 她沉迷于酒精或滥用药物。
- 为了维持生计，她得做一份以上的工作。
- 她是"职业女性"，这耗尽了她所有精力。
- 她要上学（永远没个完！）。
- 她忙于浪漫关系和性活动。
- 她自己还是个孩子。
- 她疲惫不堪，精力耗竭，或身染疾病。
- 她不想在那个位置。也许她根本不想要孩子。
- 她从没和自己的母亲有过联结，也没有细心、参与度高的父母做参照。
- 她害怕表现出爱，害怕和任何人联结。
- 她认为你已经有了所需的东西，别人告诉她不要做太多，以免宠坏你。
- 她花了所有精力试图保护自己免受暴怒或虐待的伴侣伤害。
- 药物治疗使她情感麻木。
- 她切断了自己的情感，以保护自己免受未处理的童年痛苦困扰。

孩子如何解释妈妈的缺席

如果我们将这些原因归结为三条基本信息，缺失母爱的孩子听

● 第二部分 当养育方式出错时

到的会是以下一条或几条：

- 我没有可以给你的。
- 你要的/拿走的太多了。你的需求太多。
- 我没那么在乎你。

当孩子感觉到母亲只是没法给予时，他们灵魂的某个地方常常是同情母亲的。法拉就告诉我："我能感觉到母亲在受苦、不快乐，所以我尽量不要求太多。"法拉知道母亲压力太大，所以尽可能地减少需求。奇怪的是，她的母亲后来说，法拉和她过早地分离了。你怎么和一个很少待在你身边的人保持联结呢？法拉说，她从母亲那里接收到的信息是"不要依赖我"，而她只是选择了服从。

尽管当孩子意识到母亲只是没有能力给予爱和关注时，情况看起来还不算糟，但如果母亲看似有能力把爱和关注给别人，孩子就很难不把原因归结于个人了，这种情况也会让孩子更难承受。除了把它当作拒绝，孩子还能怎么理解呢？

对孩子来说，做着两份工作、回家就筋疲力尽的母亲和煲电话粥、跟朋友们谈笑风生的母亲是不一样的，后者成了"我太忙了，顾不上你"。如果妈妈明明有能力却没有动力去做，我们最终会觉得她并不真正关心我们。如果她在回应我们时表现出很有负担的样子，我们就会觉得自己太过分了。

可以停下来想想小时候，当母亲不能满足你的需求时，你的感受是怎样的。如果你已经和内在小孩建立了关系（我们将在第11章中讲到），请仔细倾听，看看你能否理解这个孩子的感受。如果做不到,那就以现在的视角想一想,你可能会怎样解释母亲的不易得。我建议你写下来,阅读完接下来几章后再回来,也可以更晚一点回来,问问自己,此时你更客观的评价是什么。

只有母亲的家庭

不幸的是,有时不够称职的母亲是家里(或持续待在家里)唯一的抚养者。没有父亲(或另一个母性角色),对缺失母爱的孩子来说就更难过了。没有其他人能照顾自己,维持和母亲的脆弱联结就变得更加重要。

人们普遍认为,父亲的一部分职能是帮助孩子和母亲分离。母亲代表安乐窝和早期的融合关系,在这种关系中,孩子还不知道自己和母亲是区分开的。而父亲代表着母亲之外的世界,是通往更大世界的桥梁。无论和母亲的关系是否令人满意,当她是唯一家长时,孩子就更难脱离母亲的影响。

做一个有能力的、同调的母亲的独生子女并不是什么大问题;但做一个有心理问题的单亲的独生子女往往会遭受很大的痛苦。

为什么有些孩子受的苦更多?

同一对父母抚养的孩子可能会有非常不同的体验,其原因有很多。每个孩子都是在母亲人生中的不同时刻出生的,每个孩子都可能碰上家庭和周围环境发生变化的关键时期,并且每个孩子都有不同的体格。研究证实了细心的父母都知道的事:有些孩子会比其他孩子更坚强、更随和。天生气质更敏感的孩子会在人生道路上颠簸,而不那么敏感的兄弟姐妹几乎不会留意到这些。所以,同一对父母抚养的孩子有着如此不同的体验,其中一个原因是每个孩子都有自己独特的生理机能、亲密关系体验和生活环境。

另一个原因是父母会对不同的孩子差别对待。虽然我们的第一反应可能是拥护同等待遇,但实际情况会更微妙一些。父母当然不该让一个孩子比另一个过得更艰难,也不应该表现出偏袒,但他们确实需要表明自己注意到了孩子的不同需求和能力,并做出相应的反应。如果兄弟姐妹们穿得差不多,报名参加同样的活动,或者得到了完全一样的玩具,他们的个性就会被压制,永远没有发展的机会。

可以说,好的父母区别对待自己的孩子通常是有合理原因的——他们对孩子的差异很敏感——不好的父母则是因为自己的偏见而给予孩子们不同的待遇。他们可能会喜欢最好带的孩子、自己偏好的性别的孩子或者可以炫耀的孩子(孩子是他们的代言人),自恋的父母则会喜欢那些不会超过自己的孩子。

母亲不能同等对待孩子的原因中,有些是我们永远无法知道的。有时候,母亲会出现在一个要求不那么高、不那么敏感的孩子面前,而不是一个敏感、会让她缺乏自信的孩子面前。有的孩子和她很像,她会把自我排斥的部分或阴影部分投射到孩子身上。有的孩子会让她想起一段很难处理的关系,比如和自己的母亲的关系。

有时,妈妈只是能量耗尽了。她通常对第一个孩子照顾得最多;但如果有三个或以上的孩子,她可能只是走走过场,直到最小的孩子出生都在尽可能地应付。想象一下有九个或十个孩子!在大家庭中,年龄较大的孩子常常会承担养育年幼孩子的重担,充当代理母亲。当然,在这种情况下,婴儿不知道妈妈已经筋疲力尽,只知道妈妈不在自己身边。

有时,第一个孩子是最不受欢迎的。我发现,这些案例中很多都是意外怀孕。母亲被迫承担为人母的责任,和一个本来会分开的伴侣绑在一起,或被对方抛下,独自养育孩子——她为此心怀怨恨。这些孩子知道自己是不被需要的,我相信他们中很多在子宫里就知道这一点。

不幸的是,兄弟姐妹也会像父母一样成为替罪羊。兄弟姐妹实施虐待时,这通常表明:(1)犯事的孩子没有得到好的养育;(2)父母没有尽责,确保孩子得到尊重、免受伤害。除了父母的虐待,还遭受兄弟姐妹的虐待,会带来更重的负担。

相互对峙

我从未见过有孩子(通常现在是成年人)对总是面向自己的母亲背转身去。[10]依恋研究表明,如果孩子违背了想要依恋母亲的本能冲动,那是因为他/她觉得母亲在某些重要的方面不易得。我的

● 第二部分 当养育方式出错时

基本论点是，孩子回避母亲是由于失望、受伤和自我保护。他们转身离开，是因为向另一个人靠拢却得不到满足的伤害太大了。

人无完人，母亲可能对被孩子抛弃、拒绝的感受和恐惧做出反应，转身走开以回避自己的伤口。母亲和孩子可能陷入一种互相镜映的状态：拒绝对方，竖起墙来，以回应对方竖起的墙和对方的不易得。

有一年，我们当地的报纸追踪报道了一个十几岁女孩的故事：她和男朋友策划谋杀自己的母亲，男友随后实施了谋杀。两人都表现出严重的反社会倾向，没有悔恨和情感。尽管我了解许多（如果不是大多数的话）缺失母爱之人的愤怒，但想到一个孩子对自己的母亲可以如此冷漠绝情，还是感到很不舒服。一位心理学家证实，这个女孩为了应对多年来和狂躁、酗酒的母亲在一起所遭受的严重忽视、言语虐待和不时的身体虐待，已经切断了自己的情感联结。评估人员说，她的心智发育相当于八岁孩子。而根据之前的报道，女孩早先和一位阿姨生活在一个支持她的家庭环境时，已经"健康成长"了。这个故事是个悲剧性的例子，说明了，在有毒的亲子关系中，当正常的情感互动被扭曲成麻木和失控的相互防御的镜映时，可能会造成严重的伤害。

感谢上天，多数情况并没有这样极端，但这种镜映仍是显而易见的。比如，母亲出于义务照顾孩子，成年后的子女就会出于相似的义务照顾母亲。为了打破对峙的僵局，双方都需要做出改变。一

5. 妈妈，你在哪儿？

方需要提供新的东西，另一方则需要报以积极的回应。在本书最后一章，我们将探讨改变双方舞步的复杂议题。接下来，让我们看看和情感缺席的母亲生活是什么样子。

和情感缺席的母亲一起生活

在更集体化的层面,我们有和"好的"、充满关爱的母亲,以及和"不好的"、邪恶的母亲一起生活的意象。但人们还没意识到,有的母亲看起来称职,事实上却情感缺席。这样的母亲通常会满足孩子的生理需求,却缺少好妈妈的许多基本功能。我们现在就来仔细看一看。

那个戴面具的女人是谁?

我们这一代人可能还记得电视剧《独行侠》,节目结尾,总会有人出来问:"那个戴面具的男人是谁?"剧中男主角是个从未摘下面具的单向度角色。

6. 和情感缺席的母亲一起生活

同样，许多缺失母爱的人也从未完整地看到母亲。母亲有时藏在卧室里，有时躲在一张静止、没有表情的脸后面，有时会"戴上脸谱"出门去。在更极端的情况下，她们对孩子来说是纸板人。

治愈过程的一部分就是摘下母亲的面具，看到她的人生故事和塑造她的因素。（第 14 章的前两个练习可以帮助你做到这一点。）

有时，这些戴面具的女人会被她们的丈夫进一步遮蔽。我想起一个有六个孩子的母亲，父亲总是告诫孩子们："不要让母亲难过。"当我询问这一点时，发现没有足够证据表明母亲需要这些额外的保护，但这为她没有积极履行家长职责提供了借口。在这种情况下，母亲变得像瓷器柜里的洋娃娃，而不是一个你可以触碰、闻到并与之互动的人。

文化背景也起着一定作用。特别是在 20 世纪 70 年代以前，大多数女性都没有意识到其实自己也可以选择不做母亲。女人结婚成家是约定俗成的人生道路，不论这是不是她的本性使然。其结果（当时和现在）是那些并不真正适合母职的女性成了母亲。正如一位女士说的，她们是"不情不愿的母亲"。她们干点别的事情会更舒服，比如成为职业女性或自由职业者。照顾孩子根本不是"她们的事"。

男人可以逃过这一点。在我的成长过程中，除了经济上供养家庭，我们对父亲的期望并不高。如果他们天生不适合养育子女，就不会那么显眼，因为他们只是育儿场景中的一个小角色。近年来，随着父亲的广泛参与，许多孩子都将记得父亲提供的基本照顾和养育,以及我在第 2 章中描述的"好妈妈"的许多功能。这让年轻人有机会更多了解父亲的方方面面,多年后不太会问出"那个戴面具的男人是谁?"这样的问题。父亲的良好养育往往有助于弥补母亲情感缺席留下的缺失。

母亲给予的很少

看看前面的母职功能列表,我采访过的很多人(包括读者和来访者)告诉我,他们的母亲没有完成其中任何一项。母亲失踪了,似乎无处可寻。在这一章中,我将介绍自己在研究和临床实践中都发现的问题。以下是概述。

有时,母亲几乎没有提供生活的基本架构,以致孩子长大后对建立家庭或日常生活节奏一无所知。客厅应该有用来坐的家具吗?一家人可以坐在一起吃饭吗?孩子们按时睡觉吗?——多新鲜。日常生活的基本结构缺失了。

缺少合适的互动会束缚自我意识的健康发展,导致大量问题。这些我们将在下一章看到。镜映对孩子发展自我发挥了关键作用(参见"作为镜子的母亲"),不幸的是,情感缺席的母亲很少能做到这一点。

这些母亲没学过怎么处理情绪,常常无法忍受。她们不知道怎么应对孩子的哭泣,有时甚至说一些咄咄逼人的话,比如"别哭了,不然我让你有得哭!"。有时孩子不是因为表达情感而感到羞愧,而是为自己被忽视的情感而羞愧,同时,他们却会因为压抑悲伤或"软弱"的情感而得到认可。

表扬和鼓励常常是有条件的。这些孩子因为母亲所看重的东西(通常是学业成就)而受到称赞,但很少因为他们自己的样子而得到祝贺和表扬。不成熟或自恋的母亲往往不会留意和欣赏与她不同的东西。当孩子镜映母亲或符合母亲理想中的样子时,母亲会奖励孩子,但母亲不会积极支持孩子独特的自我。

这些疏远的母亲在孩子生病时才最关心他们——尽管许多人没有在这种时候被温柔抚摸或抱着的记忆,另一些人则只记得冰冷、机械的抚摸。对一些人来说,母亲只是门口那张焦虑的脸。

和理想中的养育相比,缺失母爱的孩子得到的很少,就像看着空空如也的橱柜:母亲给予的实在太少。

缺乏指导

不称职的母亲另一个几乎完全缺失的职能就是指导。好妈妈的工作之一是教孩子如何应对有挑战性、超出孩子现有能力的任务。她会帮助孩子评估什么是现在可以做的、什么超出了能力,以及怎么抽身,还会根据孩子的能力调整任务。如果没有得到这种引导(也没有通过其他方式学到),我们常常会不知道怎么驾驭生活。一种反应是在挑战性任务面前崩溃而不去尝试;另一种反应则是,对自己的局限没有做好准备也不尊重,就一头扎进事情里,而忽视了对自己的照顾。

想象一下，有技巧的母亲会怎样帮孩子安排打包带去夏令营的东西，或考量在学校选多少课才不会让自己负担过重。好妈妈会教孩子调节难度，将需求和限制（如疲劳、压力和饥饿）纳入综合考虑。我们贪多嚼不烂时，好妈妈会说："太多了，宝贝，从容一点。"

这描述的其实是母亲作为导师（帮助校准）和母亲作为调节器（确保孩子不会被压垮）职能的结合。如果我们小时候在这方面得到的足够多、学会了如何照顾自己，就会问："多大的步子适合我？怎样是超出能力了？"我们认识到自己需要什么，才能迈出更大的一步。

一位女士说，母亲曾教过她一些东西，比如怎么做沙拉、怎么洗碗，却没有教她怎样"生活"——交谈、和别人建立关系、控制自己的情绪等重要的事情。这样的母亲似乎已经让出了导师职能，或者至少在其中感到相当不安。

另一个人说，他的母亲似乎不介意偶尔出出主意，但除此以外，不愿卷入任何事，或许是害怕费力去问。她从不主动表示欢迎，也不邀请孩子带着问题或需求来找她。母亲有责任适时地引导孩子来找她，不能指望孩子凭直觉就知道什么时候可以向母亲寻求帮助。

错失的联结

我在访谈中会问的一个问题是"如果你能给母亲一种她缺失的

品质，那会是什么？"。最常见的答案都和建立情感联结的能力有关。一般来说，那是他们小时候感觉错失了的联结，但有些人也承认，母亲似乎没有和任何人建立情感联结。

那些缺失母爱的成年人多半记不起小时候和母亲在一起的亲密时刻——没有被抱着的记忆，没有被脉脉注视的记忆，也没有在重要时刻得到情感满足的记忆。情感满足就是让别人触碰到你的体验，而你也知道被他们理解了。他们知道你经历了什么、这对你意味着什么。一般来说，我们是通过那些表达出共情和镜映的反应了解到这一点的。别人不可能精准地理解我们的体验，但我们希望他们至少去尝试理解，希望他们关心我们的体验。如果我们被拒绝、被轻视，或者被告知自己的感受不是真的，就会感到孤立和孤独。

卡罗尔描述了她六岁时发生的一件事。她曾经几次濒临危险，却成功地解决了这个问题。当她告诉母亲时，母亲却否认这种危险，表现得好像这种担忧不合情理，因此错过了卡罗尔生命中一个非常重要的时刻。那一刻，她本来很容易就能传达好妈妈的信息："你真聪明、真勇敢，我真高兴你是我的孩子。"这本可以是卡罗尔感到被珍惜、被爱的时刻，结果，却让她觉得无法相信母亲会保护自己。

这些没有联结的母亲不善于沟通。她们不仅会像刚才提到的那样错失机会，还会对提议置之不理。一位女士十几岁时把一封自白信放在母亲枕头底下，希望能开启一些交流，但她母亲从未提起这件事。

听到有人整个童年都没有任何关于亲密和联结的记忆，那些感到被爱的人可能会震惊，但我已经见怪不怪了。这种情况难以想象，是因为它和我们对母亲应该是什么样的集体印象背道而驰。

机器妈妈

从情感缺席的母亲身上，我们会看见一个似乎不完全是人类的女人。一位男士说，父母对他来说就像雕像，不像真正的人类。还有些人说，他们在母亲身上找不到人类的心，感觉仿佛母亲"不是真的"。

阿尔玛告诉我，她记得母亲这个人，记得母亲在那里，却完全没有和她互动的记忆。阿尔玛觉得自己对母亲来说不是人，好像自己根本不存在。她觉得在后院的树屋里比和母亲在一起更有家的感觉。我认为，这是母亲在互动中不能带来真实感的结果。

许多这样的母亲都很封闭，活在自己的世界里。这种状态不见得会一直持续，但有可能在几年时间内不断出现。我怀疑这和未解决的创伤、哀伤和抑郁有关。

情感缺席的母亲当然不可能和孩子的需求同调。这里指的既是某个孩子的需求，也是所有孩子的需求。前面已经列出了孩子的一些内在特征——还没发展好、做事不熟练、能力有限、依赖、需要很多爱和拥抱，需要保护、引导、指导等。我发现，孩子的体验世界完全跟这些"机器妈妈"失去了联系。这些父母（通常双亲都是）似乎更愿意把孩子看作小大人。孩子不可以大声喧哗、兴高采烈或搞得一团糟，他们对亲密的要求也一直遭到拒绝。

有时，母亲显然不胜任。但更危险的情况是，她看起来像个理想的母亲，做了很多表面工作，并认为这就是母亲的核心职能，但孩子觉得她不真实、不同调。她们中的一些甚至认为自己做母亲又称职又开心，她们和孩子对好妈妈的定义差别太大了！她们关注的是确保孩子有衣穿、有学上、家庭关系表面和谐。

许多家庭都有维持幸福家庭幻象的压力。在一个案例中，父亲反复告诉孩子，他们有一个多么好的母亲。其实这位母亲大部分时间都待在卧室里，其他时间逼着自己去参加重要的节庆活动，而在这些场合，最重要的事，就是维持幸福家庭的外在形象。

这种母亲的孩子在成长过程中，常常在认知层面相信自己被爱，但感受不到被爱。当母亲努力为孩子做一些事情，比如参加家长会、偶尔开个生日聚会时，孩子尤其迷惑。孩子们没有别处可去，只能依赖父母，所以常常会把任何不被爱的感觉排除到意识之外。当他们成年后接受心理治疗，或和自尊、人际关系问题做斗争时，这种感觉就会爆发。

尽管这些母亲中大多数不会改变，还是有些人在之后的人生中学会了联结。一位母亲读了"亲爱的艾比"专栏，知道母亲应该对孩子说"我爱你"后，才第一次对已经步入中年的女儿说了"我爱你"。

正如我们所料，这些情感疏远的母亲很少触摸自己的孩子，导致孩子不是强烈地渴望触摸，就是强烈地厌恶触摸。通常，当这些

●第二部分 当养育方式出错时

回避触摸的母亲老了，已经被治愈的孩子带来更多温暖时，触摸才会重新进入他们的关系。如果母亲丧偶、孤独、需要更多的支持，有时会向孩子伸手求助。常常要到晚年，机器妈妈才最终变成人类。

有人看着吗？有人关心吗？

这类父母中，很多人的形象是极度抽离的，仿佛消失了一样。

其中一种表现形式是明显不照看孩子。我听说过只有两岁（常见的是三四岁）的孩子自个儿在屋外游荡。他们一个人从学校或街角的商店回家，在今天大多数人认为完全不合适、会有危险的年龄就常被派去做事。当一个八岁孩子的牙医打电话给孩子母亲时，母亲认为一定是孩子在调皮捣蛋。她没法想象让这么大的孩子一个人去看牙医会让孩子无法承受。

一些不上心的父母似乎并不在乎也不想知道孩子在做什么。某个青春期男孩告诉母亲自己要去哪里、要做什么，母亲的回答是"我不在乎"。

孩子，尤其是青春期的孩子，可能喜欢这种不用给任何人交代的自由，但这是要付出代价的。儿童和青少年往往还没形成足够的判断力去做出明智的选择，没人修正他们的行为，感觉就像没人真正在乎他们一样。当鲍比从自行车上摔下来、不得不缝针时，妈妈让他关了一小会儿禁闭，不许他出后院。他发现自己其实挺高兴，因为这是他第一次感觉到母亲在守护自己。

6. 和情感缺席的母亲一起生活

许多这样的家庭里几乎没有交谈，有一点功能性的交流，但并不讨论孩子的活动或朋友。相比之下，有些父母会和孩子谈论孩子生活的方方面面，他们知道孩子的状态起伏、希望和忧虑，在孩子缺乏信心的时候支持他们，为他们最微不足道的成功欢欣鼓舞。

这一节所描述的不参与就是忽视。这不是生理上忽视、不给孩子提供食物和住所，而是情感忽视。这样不参与和不培养感情所造成的创伤是明显的。没有玩具的家，孩子不被当作孩子，和父母形同陌路——这些都是严重的过失。

和不上心的母亲一起生活，尤其是如果还有一个不上心或缺席的父亲，孩子就像独自生活一样。

- 母亲参与了你生活中的哪些方面，又有哪些方面没参与？
- 如果父亲在家，他也这样吗，还是有不同的模式？

一无所知

我发现这些情感缺席的母亲特别不善于反思，对自己在孩子或早或晚出现的问题中所扮演的角色一无所知。

最近，有位中年女性告诉母亲自己的童年过得多艰难，母亲回答说："如果我们知道你小时候多不开心，本该带你去看医生的。"虽然其中也有一点点支持和关怀，但确实反映了主流文化对心理健康问题的倾向，它完全忽略了一个事实，就是也许我们需要的是更多的爱的表达（或好妈妈的其他职能）。我认为，母亲们之所以忽略了这个事实，是因为她们在心里确实爱自己的孩子，只是不知道怎么用孩子可以感受到的方式来表达。

无处求助

我们都知道，这世界有时会发生糟糕的事，要让它成为我们愿意待的地方，就需要相信有地方可以寻求帮助。

在"作为大本营的母亲"部分，我把母亲那儿描述成总能寻求庇护、帮助和慰藉的地方。显然，对那些缺失母爱的人来说并不是这样。我访谈过的人中没有一个记得有哪次向母亲求助时得到了满意的响应。多数人很早就学会了不去求助。一名男子回忆说，小时候每次向母亲求助，她都会说："你需要这个干吗？"这类母亲的孩子常常觉得求助会让自己陷入困境，他们感觉母亲不想被麻烦。

我注意到一种令人不安的模式：即便孩子长大了，母亲也无法对直接的求助做出反应。我访谈过的许多缺失母爱的人在成年早期就遇到了心理健康问题，并需要帮助。娜奥米去母亲家做客时，心理医生给她打了电话。娜奥米接完电话后告诉母亲："我很抑郁。我需要帮助！"母亲回答说："你不需要帮助。你只需要洗个热水澡。"而另一位母亲，听到二十二岁的儿子说正在看心理医生时，一言不发地走出了房间。

玛格丽特年轻的丈夫住院了，他们的情况非常不稳定、压力很大，于是问父母能不能和他们住在一起，但父母拒绝了，这导致他

6. 和情感缺席的母亲一起生活

们之间多年关系紧张，玛格丽特决定再也不去找他们帮忙。

另一位女士问她表面上显得很能干的母亲，在自己真的很需要时，能不能依靠她。母亲的回答是："我得想一想。"当然，这位母亲之后并没有做过什么保证。相比之下，该女士的婆家对任何一种需求的回应都是无条件的："有我们在。"

因此，很不幸，我们发现母亲会把孩子的问题最小化，否认自己眼皮底下的重大问题，为孩子的困难羞辱、责备他们，表现得冷漠无情。更复杂的是，我们甚至发现当孩子没有带着问题来找她们时，她们也会相当愤怒。下面将会看到这一点。

当母亲发现莎伦去堕胎却没告诉自己时，便质问十五岁的女儿。她也许觉得受伤、被侮辱了，表现得很生气，但她没能传达对莎伦的关心。虽然她对莎伦没来找自己明显感到失望，她却没有问这件事是怎么发生的、为什么会发生，也没问莎伦为什么不愿意告诉自己。莎伦没能得到些许支持，只是觉得自己招惹了妈妈。

跟母亲不想了解、没有时间和精力去处理、帮不了忙的感觉一样，孩子知道自己可以带着需求和问题去找母亲的感觉也是在早期建立起来的。当孩子成为青少年时，试图在这种压力巨大的时期和他建立联结，常常为时过晚，收效甚微。

- 有重要需求的时候，你去找母亲寻求帮助了吗？她是怎么回应的？这对你们的关系有什么影响？
- 你现在会去寻求她的帮助吗（如果她还活着的话）？如果不会，为什么呢？

111

如果母亲没能提供一个大本营，一个可以回去的地方、安全的地方，就会让人感觉自己像个没有母亲的孩子。

感觉自己像个没有母亲的孩子

缺失母爱的人们常常觉得仿佛自己没有真正拥有过母亲——尽管他们确实有，这就让事情变得复杂起来。感觉没有母亲，但事实是有个人在那儿，全世界都认为她是你的母亲。怎样让没有母亲的感觉和现实相协调，是缺失母爱的成年子女面临的挑战之一。否认这种感受就是再一次抛弃孩子。很多治疗都是在学习去回应那种感受。

有时我们用"孤儿情结"或"孤儿原型"来描述它。这是一种没有父母、没有爱的感受，孤零零在这世上的感觉。这种感受如此痛苦，所以常被深深压抑；没有父母、没有爱会威胁到孩子的生存。一位成年人说，如果敞开心扉面对长期压抑的情感，"对爱的渴望也许会让我死掉"。

在关于孤儿原型的文章中，荣格分析学家罗斯-艾米丽·罗森伯格注意到一种广泛存在的无价值感和需要支持的感觉。"他（孤儿）觉得自己是'受伤的人'，需要尽可能多的照顾。"[1] 她描述了一种模式：依赖并紧紧抓住任何能代表母亲的保护和安全感的人和事。

其中一种表现形式是，对爱的渴望让人待在受虐或不满意的关系中——因为匮乏的感觉如此令人绝望，以至于无法离开。他们没有一种被好好爱着的感觉作为内在参照，常常觉得"总比没有好"。另一些人则觉得，比起接近创伤，过没有爱的生活更容易，也更习惯。

对滋养的需求，超越了对伙伴关系的需求，甚至会让自己难以离开任何给予些许积极关注的人。多年来，我发现，如果有人为我做了好事，我就会觉得自己离不开他们。慢慢地，我才意识到，情感滋养并不罕见，而我可以在每一段感情中决定何时转向别处。一个善举并非终身契约。

另一些情感饥渴的人则固着在食物上，试图用身体滋养来代替情感滋养。也许因为从未奏效也不可能奏效，他们永远无法得到满足。一位女性知道她吃东西是为了满足情感饥渴、缓解压力，她指出，情感饥渴是肥胖流行背后的原因。许多缺失母爱的人都有进食障碍和暴食症的病史。

以下问题可以帮你了解这一点：

- 你有没有过"自己像个没有母亲的孩子"的感觉？
- 你情感饥渴的显现方式是什么？
- 你可能会怎样掩饰对爱、支持和保护的渴望？

没有船锚

和某处有联结的感觉，是我们人生中重要的锚。没有它，我们会感到孤立、迷茫、在这世上没有根基。这种感觉有时反映在一种意象中：飘浮在黑暗的空间里，就像一个连接线路断掉的宇航员。另一些人则把它描述为在海上漂流，就像一块漂浮物。如果不努力改变状况，这种感觉往往会持续一生。

如果没有热情的母亲作为锚，我们甚至可能无法完全进入这个维度（这在心理学界被称为分裂式防御）。我们可能无法完全占据自己的身体，感觉自己不太像个人类。我们可能继续在生活中漂泊，永远不属于任何团体，永远不会跟任何人建立牢固的联结。

当婴儿被情感缺席的母亲养育时，他就会没有可以抛锚停泊的地方，也就失去了和自己身体的联结。（回想一下前面描述的那个跟随母亲进入分离状态的孩子。）如果你没有和自己的身体同调，就不知道什么时候饿了、什么时候饱了。你不知道身体的需要，因为你并没有真正待在身体里面。这会导致进食障碍、事故和疾病。

没有母亲，就没有自我

当我为本书书名集思广益时，考虑过一个文字游戏，用的是南希·弗赖迪一本著名的书，叫《我的母亲，我的自我》。在最基本的层面，它的意思很简单："没有母亲，就没有自我。"

我们和母亲的关系对童年的自我体验有很大影响。遭受父母虐待的孩子往往将拒绝和批评内化，充满自我怀疑、缺陷感和羞耻感。他们有自我感，但是一个受损的自我。如果父母忽视孩子、情感空虚或不在场——尤其是在孩子很小的时候——可能就没有足够的反馈让孩子脆弱的自我凝聚起来,而是给孩子留下一种仿佛没有"我"的感觉。

空白导致空白,不在场导致不在场。没有母亲,就没有自我。

也许积极的一面是,不像那些认同母亲,不能分化出自我、从而一生都尾随着她的人,那些没有这种联结的人,如果做一些必要的心理治疗,能更自由地塑造自我。

在下一章中,我们将会探讨情感缺席的母亲带来的影响,既包括上述那些无意识忽略孩子的母亲,也包括那些更骇人听闻的母亲。

童年情感忽视和虐待

上一章中，我们讨论了和情感缺席的母亲一起生活是什么样。在这一章里，我们来进一步探讨，什么情况下情感忽视就变成了情感虐待，以及忽视和虐待之间到底是什么关系。

什么是情感忽视

情感忽视是指不能为孩子情感发展和健康自我意识提供所需的东西。上一章"和情感缺席的母亲一起生活"，全是在描述这种忽视。

在本书第一版中，我区分了"忽略的罪行"和"施行的罪行"，忽视属于前者。心理学家乔尼斯·韦伯也在这个领域工作，他使用

7. 童年情感忽视和虐待

了相同的术语简单地说道:"情感虐待是父母对孩子做的一种事——这是一种行为。情感忽视恰恰相反——它是不作为。这是不善待孩子的家长和不理会孩子的家长的区别。"[1]

这一简明的比较,通常足以做出区分。然而生活并不总是这样黑白分明。如果母亲不给你饭吃,这是一种忽略的罪行,但也可以看作主动的制止和惩罚。作为惩罚,它只能被判定为施行的罪行。在情感层面会不会也是这样呢?当你躺在母亲卧室门外歇斯底里大哭时,如果母亲不搭理你,这算是没做该做的,还是做了不该做的呢?对于这些情况,我们需要看第二个标准,即理解作为或不作为的原因是什么。痛苦是有意引发的还是无意引发的呢?

我来加一个限定词:"无意的忽视"是指由于无知或疏忽而没能提供照料。我们可能忽视自己的健康、财务、家庭,当然,还有我们的孩子。尽管无意的忽视可能会带来严重的后果,但它并没有恶意,也许是母亲并不知道孩子们需要关爱和倾听。

有没有一种忽视不是故意伤害,但也不能真的当成意外来原谅呢?如果妈妈太累了,没法起身照顾哭闹的婴儿怎么办?或者她忙于社交计划,无暇停下来听你说话——即使你最好的朋友去世了,你刚刚经历了人生中第一次重要丧失呢?她在哪些应该优先考虑的事情上懈怠了?

童年情感忽视和虐待难以完全分开。界线变得模糊,很难看清。

情感虐待有什么不同？它会和情感忽视同时出现吗？

虐待不是意外或疏忽，施虐者在做某件事（或不做某件事）时就知道这样做会引起情感痛苦。

情感虐待常常表现为嘲笑、责骂、责备和羞辱。它不仅会发生在母亲生气的时候，也可能用日常对话的语调甚至在你或她的朋友面前以轻松的方式说出来。

情感虐待经常以严酷、批判的语言形式出现，但也可能是非语言的。拒绝和孩子说话（这难免又要被纳入"作为和不作为"来讨论），憎恨的表情，削弱孩子的自我意识、自我效能感、自尊，或破坏孩子的成就——所有这些都是情感虐待。

"情感"这个词只表明我们说的不是身体上的伤害，而是情感上的伤害，但它也可能包括物质层面。比如，我听说过青春期女孩被迫穿着肮脏、破旧、不合身、不得体的衣服而感到相当羞愧。情感虐待还可能涉及侮辱孩子的性别，或故意让孩子置身恐怖、无法承受的情境中。

威胁要抛弃孩子就是情感虐待。"我要送你去孤儿院"或"你再这样，我就不要你了"之类的话传达出母亲是无法依靠的。这样的威胁会引起孩子的恐惧，对他们来说，母亲等于活下来的指望。大一点的孩子也会被这样的威胁控制（这就是母亲的目的），强化不安全依恋和不安全感。抛弃肉身这类威胁就是情感抛弃，它在说：

"你不能指望我。"这是蓄意的行为,是创伤性的,因而就是虐待。

残忍的母亲知道你最脆弱的地方,有时还会紧抓不放。她知道怎么燃起你的羞耻心。而羞耻是所有人都能感受到的最痛苦的情绪之一。它是一种从本质上有缺陷、有错误或不好的感觉。羞辱就是让人觉得自己错了或不好(不仅仅为某个行为内疚),这是一种情感虐待。

我观察到,发生情感虐待时,也会发生情感忽视,虽然发生忽视时并不总是发生虐待。情感缺席的母亲有更多类型,她们不像情感虐待的母亲那样刻薄,也不是故意要伤害自己的孩子。她们表现出了情感忽视,但没有发生虐待。情感虐待的母亲之所以对孩子残忍,部分是因为她们和孩子之间缺乏联结和共情,而缺乏联结也意味着会发生情感忽视。在这两种情况下,母亲都没有和孩子的情感同调,不知道怎样才是良好的养育。

比起在表面愉快、一无所知的人身上找出缺点,认识到怪物妈妈缺失了什么还是容易些的(尽管也没多容易)。

有多糟糕呢?

情感忽视和情感虐待都会造成严重的伤害,这一点毋庸置疑。尽管常常需要一些时间才能完全面对,但其后果的确相当严重。

很多时候,童年曾受忽视或虐待的幸存者会对自己的经历轻描淡写,说些"至少我没挨打,我没那么多可抱怨的"之类的话。但美国心理学会一项研究报告发现,"受到情感虐待和忽视的儿童面临着和遭受身体或性虐待儿童相似、有时甚至更严重的心理健康问题"[2]。他们发现,和遭受身体虐待或性虐待的儿童相比,受到心理虐待的儿童患有焦虑、抑郁、低自尊、创伤后应激症状,自杀的概率一样甚至更高。

最早期的忽视会危及生命。被剥夺了早期互动的婴儿缺乏心理脚手架或大脑刺激来让自己完全进入人类世界。极度忽视会让孩子漂浮在生命表面,和身体失去联结,甚至不知道自己是否存在。而情感虐待则是以另一种方式摧毁灵魂。被自己所依赖的人鄙视甚至憎恨,这种感觉令人费解。如果母亲像女巫一样,你可能觉得自己的生命随时会被扼杀。极端的情感忽视和情感虐待都会完全摧毁健康人生的基础。(这不意味着健康人生遥不可及,但前提是你必须建立新的基础。)

这些行为的破坏程度取决于有多少缓冲因素。我在"为什么有些孩子受苦更多"中,讨论了让人更脆弱或适应力更强的个体差异,这是我们受这类早期伤害困扰程度不同的一个因素。

另一个重要因素是情感虐待或忽视的量。孩子越是持续地受到某种对待,这种对待就越深入其内心。偶尔的虐待肯定会让孩子失去安全感,而持续的虐待会让孩子在再次被击倒前没有时间稳定下来。忽视也是这样,一段时间内情感缺席(比如在孩子大一点的时候或在住院期间)的母亲,要比在孩子早期生活中一直没有出现的母亲对孩子的伤害小。

第三个缓冲因素是环境中的其他方面：有其他人帮助抵消母亲的伤害行为吗？有别的家长吗？他们是起缓冲、支持作用还是毫无帮助？我经常听到愤怒的母亲嫁给了垮掉的男人，这些男人自己并不实施虐待，但他们忽视了去保护孩子免受母亲的虐待。母亲会干扰孩子和其他成年人建立亲密联结吗（或许出于忌妒）？没有安全感的母亲经常这样做。

有兄弟姐妹吗？有时兄弟姐妹会和你分享你们所处的独特世界，成为暴风雨中的港口（即便你们都很脆弱无力）；另一些时候，兄弟姐妹也实施了虐待。如果兄弟姐妹中有人实施暴力行为，这就是家庭系统出现严重问题的信号。对孩子的差别对待和不公正的角色分配可能会让兄弟姐妹难以结成平等联盟。有时，母亲会挑起兄弟姐妹间的争斗。也有些时候，为了生存，兄弟姐妹们会想办法避开危险，要么躲在卧室里，要么从屋里逃出来。偶尔你会听说，有的孩子在家里乱成一团时学会了通过沉迷于看书、玩游戏之类的事，把一切拒之门外。当兄弟姐妹以这种方式销声匿迹时，会加重孤独和被抛弃的感觉。

既然已经了解到每个人的情况是多么独特，下面就来看看情感忽视和情感虐待的常见影响。

童年期情感忽视的影响

让我们先来看看情感忽视的长期影响。缺失母爱的人遇到的问

题并不让人意外,这些问题明显和缺失的好妈妈功能有关。以下是 15 个常见问题:

价值感和自尊的空洞

缺失母爱的人不觉得自己被重视,尤其不觉得自己被看见过。他们没有被镜映,也很少得到支持和鼓励,几乎感觉不到被爱(即使在认知上相信母亲爱他们)。

在孩子心里,对这一切最常见的解释是"我无所谓"或"我一定出了什么问题"。他们缺少发展健康自我意识的核心支柱。

感觉好像没有足够的支持

童年没有得到过足够的支持,会让缺失母爱的人缺乏自信和内在支持,因为他们没有好妈妈可以内化。这种缺乏支持的感觉往往表现为不安全感和难以前行。事情一旦变得艰难,你可能就会发现自己崩溃了。即使处于正常学习曲线的开端,也会产生不堪重负、无法应对挑战的感觉。

那些变得特别依赖自我的人有时不会感觉到这种缺失,因为他们学会了依靠自己的力量渡过难关;然而,遇到特定的压力时,这种防御就会崩溃,对支持的需求也会暴露出来。

难以接纳并主张自己的需求

一般而言,"需求"在缺失母爱之人眼里是个肮脏的词,因为它和需求没有得到满足的痛苦记忆以及母亲因为你的需求而转身离去的印象有关。需求往往是羞耻的来源，是需要藏起来的东西。他们可能有一个没被充分意识到的信念，即"我的需求是负担"。

只有当你觉得自己有权拥有需求、期待别人有所回应时，才有可能主张自己的需求。如果母亲曾经在孩子有需求时情感缺席，那么一些孩子成年后就会发现，自己几乎不能去寻求帮助。

缺乏情感滋养、渴望爱

许多缺失母爱的人会觉得，自己仍在试图弥补童年的情感缺失。（参见"感觉自己像个没有母亲的孩子"）。成年后，你可能会形成更加迷恋的依恋风格，寻求情感的依附。这和另一些成年人不同，他们可能试图放弃对爱的需求，切断对亲密情感的期待。有些人会在感觉不到对亲密的需求和感觉到对爱的强烈渴求之间来回摇摆——在依恋理论的话语中，这种摇摆和你现在可能经历的混乱型依恋有关。

难以接受爱、维持亲密关系

虽然缺失母爱的人常常渴望得到爱，但他们并不容易接受爱——强化的紧张情绪和自我保护的盔甲会成为阻碍。亲密需要展示脆弱，需要表达需求和感受。那些自我依赖型、回避型依恋的人在这方面表现得尤其困难。

缺失母爱的人在亲密关系方面的参照点很有限，对满足自身需求也不抱多少期待。如果在第一段、最能塑造性格的关系中不能被满足，你就很难相信有人真的会为你守候。许多人还会觉得自己配不上（有时是无意识的），自己如果配得上的话，母亲本该在自己身边的。

依赖型的人不仅会用黏人的行为吓跑别人，当伴侣没有提供他们仍在追求的完美之爱时，还会变得愤怒。这种愤怒会赶走别人，重现最初的丧失模式。

孤独和无归属感

有一种局外人情结，缘自感觉不到自己是家庭中重要的一部分。它会让你渴望成为某些团体或社群的一部分，但深深的矛盾、不安又会让你再次陷入那种境地。许多人都想知道自己在这个世界上有没有一席之地。童年期不被爱的感觉为长期的孤独感埋下了伏笔。

不知道如何处理感受

如果一系列情绪不能在儿时的家里（或一个失控的家长面前）自由表达，且母亲没有帮助孩子学会调节、交流情感时，生活的重要部分就会出现一个空洞。对许多人来说，学会识别感受，而不是通过成瘾行为来见诸行动是主要的治疗任务。那些把情感拒之门外的人需要学会如何让情绪涌现并反复体会。

无处不在的匮乏感

不是所有缺失母爱的人都会有匮乏感，但其中一部分人确实会有。剥夺感会深深地烙印在意识中，成为你体验生活的镜头。你可能会感觉从来没有足够的钱，没有足够的爱，也没有足够的快乐。

接受给予带来的不适又让这一点变得更复杂。如果母亲在心理上像守财奴一样吝啬，不能慷慨地给予，那么你内心的一部分往往也会有同样的过滤器，不会慷慨地给予或接受。于是，你就继承了这种匮乏感。

挣扎感

对许多缺失母爱的人来说，人生很艰难，要为生计挣扎，为关系挣扎，才能有"还好"的感觉。这种挣扎是在孤儿院发现的生长发育迟滞综合征的另一种表现。

抑郁

心理治疗一个很常见的切入点是因抑郁而求助。抑郁和丧失、剥夺、需求未被满足、没有得到足够的爱、自尊受损、未消化的痛苦/失望、哀伤和缺乏支持有很大关系。抑郁是父母的养育方式存在明显缺陷的一种征象，尤其是它从童年时期就开始，或者家里不止一个孩子在人生某个阶段有抑郁或自杀倾向的时候。

成瘾行为

成瘾是对未排解的痛苦的常见反应，与之相关的是无法自我安

● 第二部分 当养育方式出错时

抚、调节情绪，或者身体被激活并对内心暗示起反应。由于无法处理这些不舒服的情绪和感觉，你学会了通过成瘾行为将它们推开，并提供某种抚慰或麻醉。

和食物有关的成瘾行为在那些情感滋养不足的人身上尤其常见。食物也常常和母亲的爱联系在一起，所以很容易理解为什么吃东西可以用来安抚自己、掩盖不良养育留下的空洞。当然，用吃东西来填补未被满足的情感需求很容易导致暴饮暴食和肥胖。

感觉未被赋权

感觉没有被赋权是这个列表中很多项的自然结果，尤其是前三项。如果没有积极的自尊感、强有力的内在支持、和需求有关的健康的正当感，就很难感到被赋权。另外，如果母亲没有在你学龄前捍卫你、引导和赞赏你不断提高的能力，你的效能感可能会严重受损。

这种感觉甚至在更早的时候就开始了。作为婴儿，你的第一个任务就是要让母亲过来。如果母亲对你的哭声没有反应，你会产生深深的徒劳感。反应迟钝的母亲可能会严重阻碍你"我可以影响环境"这种感觉。

感觉不安全

缺失母爱的孩子常常不得不自己照顾自己，很多时候是在对孩子来说不安全的情况下。如果母亲不在身边保护还是孩子的你，你的神经系统可能会进入一种过度警惕的模式来弥补这种缺失。要解除这种过度警惕并不容易。

由于依恋是为幼儿提供安全的主要载体，不安全依恋也会带来感觉上的不安全。如果没有内化温暖的、安慰人的好妈妈形象，就不会有存储的安全感。

完美主义和自我批评

如果母亲不轻易给予爱或赞许，孩子往往会竭尽全力去迎合他们认为母亲想要的东西。他们小心翼翼地监督自己，为自己制定需要恪守的高标准，心想，"只要我足够好，最终就能赢得母亲的爱"，并把这种期待一直保持到成年期。

通过足够优秀来获得爱和尊重的决心，可能带来我们所期待的卓越，但也可能让我们不能充分发挥自己的潜力。那些需要把每件事都做好的人不允许失败，也不会尝试需要不断学习的新事物，所以常常会在开始之前就自己停下来。

难以找到自己真实的声音，追随自己的激情

没有拥护者或啦啦队长，没有镜映，没有无条件的接纳，找到真实的自我表达就会更难。忽视会让人失去自我，在人生中迷失。

情感虐待的更多影响

情感虐待的父母很少和孩子同调，也很少对他们的需求做出反应，因此情感忽视的影响最常出现在那些母亲被视为"情感虐待者"的人身上。他们抑郁和成瘾的可能性更大，当然，安全感也需要相当多的修复。除了上面列出的，经历过情感虐待的人还可能面临更多挑战。

高水平焦虑

焦虑是感觉不太对劲，常常伴随不祥的预感。很容易理解为什么那些在童年时期遭受情感攻击的人可能会产生很多焦虑感。在我的经验中，存有大量未处理的情绪也会带来焦虑。我们没有解决的事情会堵在我们内心，造成同样的不安。

焦虑表现在很多方面，有时以惊恐发作的形式爆发出来，有时以恐惧症、强迫症的形式出现。焦虑还常常干扰睡眠。我的一些来访者会害怕入睡，害怕在睡梦中死去。焦虑也可能涉及紧张行为，如扯头发、过度担心、谨小慎微、烦躁易怒。焦虑和警惕让人难以放松，身体会失去维持健康所需的很多东西。

根深蒂固的回避

如果你像许多遭受情感忽视或虐待的人一样，没有良好的技巧来调节情绪,就会花很多精力来避免触发情绪。这可能会让你不肯为生活放手一搏,也不肯深入自己的内心世界。你只剩下很小的情感空间,也许主要存在于头脑里。对回避的需求还会导致成瘾行为。

身体的异化

跟无意中被忽视的孩子相比,遭受情感虐待的孩子经常遇到大量的身体羞辱和严重的身体忽视,以致他们体验到的和自己身体的疏离更严重。身体中太多麻木、羞耻和未处理的创伤,让他们更难占据自己的身体。这些内化了的态度和切断(情感)会让身体显得不真实,仿佛是些无生命零件的集合。你可能会觉得自己似乎不像人。

健康状况恶化

自我不能完全占据身体,身体就很难茁壮成长。身体从给它指令的能量矩阵中分离出来了。在更实际的层面,如果我们不存在于自己的身体里,就不会对身体的需求做出反应——休息、喝水、进食、运动,等等。

高强度的压力也会导致身体系统受损。大量的儿童期不良经历(ACE)研究发现,童年期遭遇不良事件与成年期患上更多疾病高度相关。[3]你的免疫系统、神经系统和其他所有系统在发育时都背负重担,需要支持。它们不能像那些有幸顺利发展的系统一样高效运行。

● 第二部分 当养育方式出错时

身体取向的创伤工作者很清楚"身体承担着创伤的负担"（甚至有一本书叫《身体承受重负》，作者是罗伯特·斯卡尔）。我想说的是，如果我们没有完全占据身体、和身体同调，如果身体的早期发展被干扰，身体就会承受重负，从而危及那些重要的系统。身体还有另外一种表现方式，在承受的同时试图揭示那些负担，即通过躯体症状来表达心理上没有解决的问题。比如，未经处理的悲伤会导致心脏疼痛，发声障碍表示憋着一个不能说的秘密，或是一种个人表达的"声音"被否定了。有时，明显的躯体病程表达了这些抱怨，有时则看不到生理上的依据，然而症状确实存在，并导致某种真正的功能障碍（术语上称为"躯体症状障碍"）。

由于这些原因，当我们负担着未解决的早年创伤时，健康就会受损。

难以信任他人

如果你在童年期遭到过情感虐待，成年后可能会预期自己会被伤害、被利用、被操纵、被扔下。你可能觉得自己太脆弱了，不能放下保护自己的屏障。当人们真心对你感兴趣时，你会感到陌生，很难相信这种兴趣会持续下去，而不是别有用心。你还会担心，如果依赖他人，他们就会离开。对那些遭受过虐待的人来说，关系往往意味着痛苦。

你可能会用许多方式来保护自己免受这种痛苦，比如把他人拒之门外，或不断地搜寻危险因素，有时利用你对他人的评判来保持距离。例如，当你开始感到脆弱，害怕变得过于依赖时，你可能会没完没了数落你的伴侣。

学习信任的道路可能会很漫长。

在关系中被利用、不幸福

在和父母的第一段关系中受虐待，自然会让你更容易跟行为方式类似的人交往，也更容易产生类似的感觉。你可能学会了通过顺从来减少对方的攻击行为，甚至变得有些麻木。那些留在虐待关系里的人，往往有童年遭受虐待的经历。

另一种可能的模式是照顾别人——谦卑得像门垫，为那些"索取者"付出太多；或者给予他人一切却不图回报，最终使他人成为索取者。为了满足他人不合理的要求，你宁愿给自己带来不便，把自己的需求放在最后。这是因为你已经学会了只期待那么一丁点，因为你非常想要一段感情，而不期待更多的平等。你可能最终会去支持那些需要受众的人。

内在的天花板

我们常常会延续童年时期所经历的匮乏感。我看到的一种形式是"我不被允许"去感受某种情绪、去做决定、去获得成功。有位女性告诉我，她不被允许感到快乐。（不许表达愤怒很常见，但不许快乐——天哪！）另一位女性则说，她"没有权利"按照自己的意愿来营造家庭环境。即使是非常能干的成年人，也会在想到自己

● 第二部分 当养育方式出错时

不能做父母不赞同的事时，变得手足无措。还有一位女性说，她在二十多岁到三十岁出头的时候没法生孩子，后来用了好几年、做了很多手术才怀孕，她认为这和"不应该"的感觉有关。

许多人很早就知道，他们不被允许取得成功、超越母亲。有位女性告诉我，她必须隐瞒自己在学习和工作中取得的成就，否则母亲会把它们毁了。成功必须被隐藏，而不是被庆祝，这是多么可悲。她母亲给出了非常明确的信息："你永远都不够好。"尽管她后来成了一名教授，她母亲反复叨念的却是要她去当秘书。

即使你跨越障碍，取得了成功，也会有其他残留的影响。一种是感觉自己不够好，甚至是个冒牌货；另一种倾向是，你会像母亲那样剥夺自己的胜利。你的方式也许会不同，比如让成功变得不可见，或通过巧妙的自我破坏。许多经历过这种童年的人更关注自己的失败，而不是成功，他们会破坏更有力量的自我形象。

内在的加害者

虽然我们都有一个内在的批评者不时出现，但那些在成长过程中受到严厉批评的人，往往有一个过于严苛的内在批评者。人们有时认为，内在批评者背后是一种保护我们的积极意愿（尽管是以非常缺乏技巧的方式），但在那些经历过虐待的人心里，这种内在批评者如果不是一个狂暴的批评者，就是一个确实怀有恶意的内在加害者。这个内在加害者经常和实施虐待的母亲持有同样的评判："你一无是处、肥胖、懒惰、愚蠢，应该被公之于众。"

和内在的加害者甚或失控的批评者生活在一起简直如坠地狱。你永远没法躲开攻击。

崩溃的自我

小时候被拒绝时，你会倾向于内化这种拒绝，从而跟自己过不去，觉得自己不值得，可能也不会努力去尝试。你可能不知道自己有权得到尊重，有权得到良好的照顾并好好照顾自己，有权茁壮成长。

一些遭到嫌弃的人最终会感觉卑贱，令人厌恶。如果你觉得自己的存在有些堕落、让人反感，你肯定就不会上前要求什么。由拒绝塑造出来的人生往往垮塌得厉害，而且伴随着自我伤害，这一点将在下一条中讲到。

此外，如果父母控制欲强、一手包办，你可能会觉得无权为自己做决定。我想起一位中年女性，她认为决定自己想要的发型是非常激进的行为。她还没有完全步入成年。

这种崩溃是许多被忽视的人如今感到没有被赋权的延续。

自我伤害

从巧妙的自我破坏、缺乏良好的自我照顾，到割伤或灼伤自己的身体，再到自杀，都属于自我伤害的范畴。对自我伤害行为可以有以下几种理解：

- 作为加害者虐待行为的延续，现在内化了

- 由于遭受虐待而责备自己的方式
- 心里自我控制的部分为了改善自己的行为而进行的扭曲的尝试
- 既是对羞耻的表达，也是应对羞耻的尝试
- 作为自我憎恨的表达，要么来自你从外部吸收的仇恨，要么来自被压抑并转向自我的愤怒
- 作为让自己有感觉或变得麻木的绝望的尝试

如果你有过自我伤害的行为，我建议你和专业人士一起努力，去保护自己，化解这类行为。

频繁、持续的分离

正如我在《从创伤中疗愈》中所写的，分离就是当你"不完全在此时此地"的状态，通常是你和你的身体、感受、所处的环境脱节。我们都有一些小小的分离体验，比如当我们浑然不觉、驾轻就熟地做一件事时，就退出了有意识的关注和存在。对那些有创伤背景的人来说，这种分离更频繁，也更令人不安。

分离常常是突然发生的，对已经不堪重负的神经系统来说，它就是一个断路器。分离是一种应急反应，只能部分地控制淹没而来的感受，因为分离状态本身会让人感觉不适——会觉得仿佛失去了大脑。在严重的分离状态下，你会晕头转向，无法集中注意力，以致不能意识到要把牛奶放在冰箱里这样简单的事。

分离是对压力和威胁情境的习得反应：没有表决或有意识的决定，但不由自主地，"我离开了这里！"。分离可能会持续几分钟或

几天，但有些人一生中大部分时间都处在严重的分离状态，他们对生活的重要方面——最常见的是情感、身体或环境——都感觉麻木。

心智的一部分会分离，并和其他部分断开联结，达到分离性障碍的程度（关于分离性障碍的更多信息见后文）。自我的碎片携带着某部分经验，却以仿佛这些经验被封存的方式运作，并伴随一个隔离屏障，使这些碎片无法分享其他部分的经验，这时就会发生分离性障碍。更多这方面的内容参见关于各部分运作的章节。

一位女性向我描述了从婴儿期就出现的"等待母亲"的感觉："她在哪儿呢？"随之而来的是断裂和被丢下的感觉，且她从未感到当下的自我是真实的。当我说"是时候搬进去了"（即回到她的身体里和今生今世）时，她抽泣起来，抗议道："但那难以忍受的痛苦会很清晰。"我向她保证："当时确实无法忍受，但现在不一样了。我会在这里帮你抱着它。"

失忆症

记不起童年重大事件、大块记忆缺失是心理创伤的常见表现。与脑损伤或其他生理因素引起的失忆症不同，分离性失忆症忘掉的是那些太痛苦的事。心灵内部的防御结构说，这太棘手了，无法处理——于是这部分就"消失了"。这就是所谓的压抑这种防御机制。

在涉及儿童期性虐待的案例中，这种现象最为人熟知，尤其是当性虐待发生在家庭内部时。不过，其实任何情绪上难以承受的记忆，都有可能被压抑。恶言恶语或威胁恐吓都可能让你觉得无法继续日常生活，所以，能不能把它们抛到脑后事关生存。

不确定什么是真实的

感觉自己可以区分什么是真、什么是假，是信任自己体验的一个重要方面。如果早年反复遭受情感虐待（尤其当这种虐待是否认或指责你时），而且没有安全的地方可去，不得不撤退到内心世界里，你就会感觉自己不太清楚什么是真实的。你可能会想："那些事真的发生过吗？还是只是我的想象和梦幻？"如果母亲否认了你的许多体验，甚或不断改写成她自己的体验，你的现实感就尤其会动摇。

这也可能发生在前面描述的片段中。前面案例中的那位女性并没有真正意识到自己是独立存在的。她总是觉得需要别人的关注、需要有人看着她进步、有人看见她，否则自己就"不存在"（不真实）。

分离如果持续发生，就很难在"此时此地"全然存在。变得"真实"也许就成了主要的治疗目标。

为什么我那么敏感？

童年期无法感到安全，父母存在情感虐待，会让受害者对批评、拒绝和抛弃极度敏感，并且总在搜寻危险因素。这种高度警觉，加上脆弱的自我边界（因为自我边界不是没有得到充分发展，就是被入侵行为击碎），会让你极力去感受他人的情绪和动机。如果这种状态无意识、非自愿，且经常发生，我们往往会说这个人"善解人意"。你也许会觉得这是一种过度的共情。它造成的部分问题是，这样的人常把这些体验当成自己的。他们不明白自己为什么会有这么强烈的愤怒、抑郁或者腰背痛，而看不到这是由于自我边界容易被穿透而从别人那里得来的。

我的来访者中有很大一部分"善解人意"，我想，这并非偶然。我已经用心理学术语描述过了，但可能还有其他因素，比如神经系统和生理机能天生就更敏感（即"高等感觉认知"，又称 HSP）。

创伤幸存者表现出许多和 HSP 相同的特征。有注意力障碍的人也有许多创伤幸存者的特征，自闭症候群中的严重患者和脑损伤的人也是如此。我们并不知其中的原因，不同模型提出了不同的假设，它们并非都是必要条件，但这些特征是重叠的。

接下来，当我们讨论"母亲出了什么问题？"的时候，会继续深入这个含糊的领域。

母亲出了什么问题？

现在我们从那个可怕的、折磨人的问题——"我出了什么问题？"（所以母亲不重视我）——转到一个新问题上："母亲出了什么问题？"很高兴你终于这么问了！是的，一个情感缺席的母亲，即使在其他方面无可挑剔，也会缺失一些东西，而一个情感虐待的母亲则在更广泛的层面有所缺失。我们将在这一章中讨论这两种情况，先从母亲"不作为"的常见原因开始，然后讨论导致母亲虐待孩子的常见因素。

她不知道怎么做会更好

如果母亲在养育孩子的过程中发挥的作用很小，第一个也是最常见的原因是她真的不知道怎么做会更好。她提供的养育和她成长中得到的养育差别不大。这是一种代际传承，而阅读这本书的人正在参与改变它。

我常在来自大家庭的母亲身上看到这种情况，这样的家庭只是没有足够回旋的空间。母亲或许忙于生存，或许是新移民。近几代人对养育子女的看法已经发生了转变，但缺失母爱的人的父母往往还抱有陈旧的世界观，认为父母的任务只是满足孩子的生理需求。他们对本书描述的"好妈妈的多个面貌"一无所知。

情感缺席的母亲可能因为书中提到的原因而未得到过良好的养育，也可能不知道她的孩子需要什么。也许她在还是个孩子的时候就失去了母亲，也许她的母亲生病了，她没有一个参与度高、有能力、愿意付出的母亲来做参照。

她情感封闭

母亲的情感可能会因为种种原因而封闭。很多因素（比如她的父母在情感上不易得或咄咄逼人）会让她变得警觉和不易得，但最常见的两个原因是抑郁和未解决的创伤。在美国文化中，情感封闭很常见，而工作和生活之间缺乏平衡更加剧了这种状况。

我们的生活在集体层面充斥着未解决的创伤。战争、灾难、性侵犯和虐待只是其中一小部分。在为写作本书而采访时，我了解到很多人的母亲都是未解决创伤的幸存者，或者是创伤幸存者的孩子。

● 第二部分 当养育方式出错时

有些人熬过了大屠杀的创伤，许多人经历了失去亲人的悲痛，从未释怀。"无法释怀"是这里的关键因素。研究表明，女性和孩子形成安全依恋关系的能力，更大程度上和她处理痛苦事件的能力有关，而不是她实际的创伤和损失。[1]

母亲情感封闭的另一个可能原因是抑郁。不幸的是，这种抑郁可能没被诊断出来，也没得到治疗。抑郁缘于很多生理因素，包括某些疾病、营养不良，甚至治疗抑郁症或其他疾病的药物也可能导致抑郁。在本书中，我们已经看到，抑郁是没有得到所需的东西去建立坚实的生活基础和没有得到良好养育的共同结果。我赞同一种相当古老的看法：抑郁掩盖（即压抑或抑制）了我们不愿意处理或不知道如何处理的情绪。其结果就是自己被压扁了，这种状态经常被称作抑郁。抑郁时，很难感到有动力、有意愿，也很难体验到满足或快乐。

这里就碰到了看似矛盾的情况：许多抑郁的人生活在迷雾中，无法清晰感受自己的情绪；另一些人则沉浸在痛苦中，时常哭泣。抑郁并不简单，有很多影响抑郁的因素，有很多种抑郁，对它的成因也有很多不同的观点。

不管背后的原因是什么，抑郁的母亲都倾向于回避。她们没有精力和情感力量——甚至没有清晰的意识——去积极而敏感地照顾孩子。许多抑郁的母亲大部分时间在卧室里度过，不参与家庭生活。

她从未长大

许多对失职母亲的描述显示，她们在情绪、社交甚至认知发育上迟缓。这样的女性可能学会了合群和吸引人，但在这些互动之下，她的功能水平相当于一个青少年，甚至是小孩子。有时，她们在自己家里被当作小公主对待，从没学会承担责任。更有可能的是，她们是由情感上不成熟的父母抚养长大的，但却从没有真正长大。

不成熟的母亲有时由丈夫照顾，丈夫给她们零花钱，接管家务和养育的琐事，或把带孩子的工作交给年龄稍大的孩子。三四岁孩子的任务就是让弟弟妹妹上床睡觉，给他们洗澡、喂饭，洗碗——在他们连厨房水槽都够不到的时候！

不成熟的母亲常被描述为肤浅、虚荣、小气、容易被冒犯、善于操纵，并倾向于扮演受害者角色。当母亲老去、需要更多照顾时，这种情感上的不成熟可能会变得更加明显。她们可能会扮演受害者角色，对照顾自己的家庭成员或任何协助自己生活的人发脾气。

在《不成熟的父母》一书中，作家兼心理治疗师琳赛·吉布森花了很大篇幅描述情感不成熟的近 30 个特征。[2] 它们非常符合在情感上被父母疏忽和虐待的孩子可能经历的——这些父母不能应对自己或他人的感受；把情绪见诸行动时缺乏自我觉察；指责别人却从不承担责任；不会给出共情的回应，却希望孩子来照顾他们的需求和感受；以自我为中心；思想封闭、不尊重差异；前后不一；不修复破裂的关系，却希望你略过问题，直接恢复常态。听起来是不是很熟悉？

为什么母亲无法给予

在治疗没有得到良好养育的成年人的过程中，我经常听到父母无法给予这类令人心碎的故事。我听说，一个小女孩坐在又冷又黑的车里，她的父母却在当地酒吧喝酒；一位女性的父母不承认她的成功；微不足道、可怜且不合时宜的生日礼物，以至于当你收到它的时候，没有感觉自己得到了什么而更像失去了什么。

母亲为什么这么吝啬呢？有很多种可能。

- 她也许带着怨恨，即使这种怨恨是无意识的。（当孩子不受欢迎时，我已经多次见到过这种情况。）
- 别人的需求对她的自恋需求是种威胁，她不能把自己的需求长时间放到一边，真正做到慷慨大方。
- 她可能在养育奇缺或极度贫困的环境中长大，现在通过不给孩子自己未曾得到的东西，来抑制自己的悲伤。
- 一些母亲非常缺乏安全感，害怕被拒绝，因此不会以任何有意义的方式去开放自己的心。

当一个退缩的母亲做出不符合性格的行为时，可能会让人相当困惑。我的一个来访者带来一封母亲的信，信中滔滔不绝地讲述她多么爱自己的女儿。然而，除了这封令人困惑的信，女儿对这份爱没有任何记忆，也找不出证据证明这一点。她最常体验到的是母亲的憎恨。那封信表达了被不安全感屏蔽的真爱吗？还是一个无法接纳、调节自己负面情绪的母亲的补偿性幻想？是操纵还是形象管理？日积月累，暴露一个人本质的，更多不是他／她说了什么，而是他／她做了什么。

她有心理疾病吗？

心理学词汇

我们可以用一些常见词汇来谈论母亲出了什么问题，比如迟钝、情感封闭、自我沉溺、刻薄、疯狂，或者用精神病理学的术语：自恋型人格、边缘型人格，等等。

识别母亲（或其他人）的心理障碍，能增长你的见识。但同样重要的是明白心理障碍是一系列症状的集合，而相同的症状可以在多种心理障碍中发现。这些症状必须达到一定数量和程度，才能被认定为一种心理障碍，当然也有亚临床表现。所以，你可能会看到一种心理障碍的基本症状，但它并不符合诊断标准。更复杂的是，人可能有不止一种"心理障碍"。我们还要记住，精神疾病的编纂是一项还在进行的工作。我们的观点会改变，政策进程也在发生特定变化，随时会有新的疾病出现或某一种疾病消失。

用心理学词汇来确认你正在经历的事情，或帮你更好地理解母亲，是有用的。但我们也能用一些非常简单的词，比如"刻薄""幼稚"或"情感缺席"，来描述同样十分真实的现象。心灵的很多痛苦和扭曲并不适合放进这些离散模型。

那些最缺乏爱心的母亲会持续表现出少数心理疾病，即边缘型人格障碍和自恋型人格障碍。理解它们将有助于我们用日常语言继续讨论常见问题。

自恋

由于自恋通常是在病态行为的背景下被讨论，所以许多人没有意识到自恋是人类发展的一个正常阶段。本节讨论的是这种病理性的、"极端"的自恋。

自恋源于价值感的损伤，这种损伤让人觉得自己是不值得的，于是建立了一个夸大价值的形象来掩饰。捍卫这种摇摆不定的自我形象会导致许多极端的防御行为，比如常常发动全面攻击来羞辱任何敢于威胁这种形象的人。如果你激活了报复性自恋者潜在的羞耻感，他们会不择手段来摧毁你。

极端自恋者有一些共同特征：

- 一切都围着他们转。
- 他们渴望被崇拜和关注。
- 他们（在自己眼里）永远不会犯错。（不要让他们在你身上看到这一特征！）
- 他们在各方面都优越而高级。

●他们感情浅薄，不会共情。

自恋的母亲让一切都围着自己转，所以会把孩子的成功归功于自己——任何在她看来能给自己长脸的事都是自己的功劳。但既然她必须不惜一切代价维护自我形象，就会把任何出错的事情归咎于别人。她也可能把自己潜在的羞耻感转嫁给孩子，而这足以成为对孩子不好的原因。

自恋的母亲让孩子产生的基本感觉是"我肯定不够好"，因为她的批评和需求总是胜过你的。如果知道母亲会因为你的成功而惩罚你，或试图以消极攻击的方式剥夺它，你怎么可能真正蓬勃发展并取得成功呢？

自恋的母亲可能会有其他类型的情绪波动，在感受到最强烈的威胁时，会陷入所谓的"自恋暴怒"。她可能会尖叫着喊出刻薄的话语，做出疯狂的控诉。如果其他方法都不起作用，她也可能彻底崩溃，陷入受害者的境地。有极端自恋的父母，你就学会了接受他们不公的指责，收起自己的需求，好好做一面"赞美的镜子"。

自恋的母亲会让人感到困惑，她们跟情感封闭的母亲不同，在没有感受到威胁，尤其是孩子还小的时候，能够给予关心和支持。自恋的母亲往往会随着女儿长大而变得争强好胜，批评女儿的外表、和女儿的男友调情、结交女儿的朋友——种种行为惹人讨厌。

如果有人否定你的现实体验，那么会给你带来很不稳定的感觉——自恋、边缘和分离型的母亲都会用"没有这种事"来回应，甚至可能撒谎。如果你对自己的感受没有信心，就会开始怀疑自己的现实，而这会严重削弱自我意识。

边缘型人格障碍

边缘型母亲像自恋型一样，在别人不认同她们的感受和看法时，很容易觉得受到了背叛和攻击。随后，她们会拒绝、惩罚、中伤那些在她们看来挫败自己的人。[3]

边缘型人格障碍的主要特征包括：

- 强烈的、非理性的愤怒
- 情绪不稳定
- 冲动，通常发生在那些可能对自己造成伤害的方面，比如过度消费、滥交、进食障碍、滥用药物、鲁莽驾驶，甚至自残
- 慢性的空虚感、不稳定的自我认同
- 极度害怕被抛弃
- 难以维持关系，经常在理想化和贬低对方之间游移

边缘型母亲容易反应过度，可能难以捉摸，有时表现得很有爱心，有时则怒不可遏。一种常出现在边缘型母亲身上、特别麻烦的动态是，她们倾向于让一个孩子成为"金宝贝"，做什么都不会错，而让另一个成为一无是处的孩子，在她们眼里做什么都不对。成为替罪羊的孩子背负着母亲转嫁出去的自我憎恨和羞耻。

克里斯汀·安·劳森在她的《理解边缘型母亲》一书中，描述了边缘型母亲怎样不尊重边界，用恐惧和内疚来控制和操纵孩子（"如果你爱我，你就会……"），要求孩子站在自己这边，并且经

常因为孩子表达自己的观点或感受而惩罚他们。[4]

根据占主导地位的情绪基调，劳森概括了四种类型的边缘型母亲，包括：流浪者——一个受害者形象，不断拒绝帮助，低自尊感无处不在；隐士——本质上是一个受到惊吓、躲避世界的孩子；女王——有"镜映饥渴"（比如自恋）、要求好待遇、索求无度；还有女巫——她狂怒、有施虐欲（以他人的痛苦为乐），要求拥有绝对的权力。如果你觉得这些描述听起来很熟悉，我强烈推荐劳森这本书。

和患有边缘型人格障碍的人生活在一起，感觉就像行走在蛋壳上，你永远不知道对方什么时候会暴怒、无意中被冒犯，或崩溃、陷入自怜，这会让你失去正常和安全的感觉。

小心母亲的愤怒！

即使是最神圣的母亲，有时也会生气，但如果母亲的愤怒造成重创或导致身体虐待，那就有问题了。有几种类型的心理疾病会让人无法调节自己的愤怒，使得愤怒一出现就是全力以赴的暴怒。我们看到自恋型和边缘型母亲都很容易生气，因为她们的自我感没有安全地锚定，会来回摇摆。

边缘型人格障碍和自恋型障碍并不是唯一和极端愤怒相关的因素，患有双相情感障碍的母亲也会爆发狂怒。黛安·德威勒在她的回忆录《妈妈、躁狂与我》中描述了一位母亲，她出轨、不计后果地花钱、危险驾车，让黛安感到恐怖，还有言语和身体上的虐待。[5]

147

● 第二部分 当养育方式出错时

双相情感障碍过去被称为躁郁症，抑郁和欣快的发作期交替出现，表达能力有时不能同步地跟上思想，极度活跃，无法入睡。在黛安的例子里，症状是母亲超速驾驶和冲动消费。在躁狂发作期之外，双相情感障碍的母亲在外表和行为上都还算正常。黛安描述的冲动和虐待也可以在边缘型母亲身上找到。当然，一个人有多重状态是很常见的，比如可能同时患有创伤后应激障碍（PTSD）、边缘型人格障碍、抑郁或注意力缺陷障碍。

不能调节情绪的人大都很难把愤怒控制在更合理的范围内。有未解决创伤（比如PTSD）的母亲，也在这一类别中。我的一位来访者是患有PTSD的年轻母亲，她发现直面自己的创伤（被压抑的性虐待）后，跟孩子相处时的情绪无常和愤怒很快就减少了。患有精神分裂症和分离性障碍的母亲（都在下文中讨论）也会以不可预测的暴怒方式付诸行动。

刻薄的母亲

刻薄已经过界，进入了情绪虐待的范畴。刻薄的母亲会故意通过言语和行为伤害你、摧毁你，夺走你的良好感觉。她们习惯性地批评孩子，而很少表扬。这类母亲的评论不仅麻木不仁，而且一贯残忍。

人是怎么变成刻薄母亲的呢？虽然偶尔会有生理因素（脑瘤、双相情感障碍），但更常见的原因是，她的刻薄来自自己的心理创伤。她可能会忌妒、和孩子竞争（尤其是和女儿），或者把对自己的负面感受转嫁出去，也可能宣泄自己的痛苦。刻薄的母亲是不健康的，很可能患有边缘型人格障碍或自恋型人格障碍。

"疯狂"的母亲

人们一直用"疯狂"这个词来指代毫无意义的行为。它是一个太过广泛使用的词，而且常常带有贬义。如果翻译成我们心理学的语言，"疯狂"就是患有严重到可以被归类为精神病的心理障碍。当一个人明显患有精神病时，就不再生活在大众认可的现实中了。

患有精神病的人可能会看到一些不存在的东西，觉得自己受到了无生命物体或惩罚性声音（不仅仅是内在的批判者）的影响。他们往往是偏执狂，并且可能相信那些和事实相悖的东西。

患有严重抑郁症的人可能发展成精神病患者。治疗或药物不对症时，出现医疗问题并发症时，甚至睡眠不足时，都有可能出现精神失常。最常和精神病相关的心理障碍是精神分裂症。

精神分裂症是一种使人虚弱的疾病。就好像你的线路断开了，无法组织思想、贯彻意图、把生活中的点点滴滴串联起来、清晰表达你的观点或体验，也无法维持人际关系。患有精神分裂症的母亲，比其他类型功能障碍的母亲（也许只有严重的抑郁症是例外）更有可能住院治疗，而且通常是好几次。她们往往无法保住工作，因此会为了经济和稳定而依赖伴侣。如果没有伴侣或其他人看顾，她们可能就没有栖身之所。

患有精神分裂症的母亲可能只有小部分时间是显性精神病患者，但是她们和现实的关系是如此不稳定，以至于她们通常功能低下，可以说从来没有真正健康过。她们没法给孩子提供稳定性，而她们的情绪变化和毫无根据的反应可能会吓到孩子。

母亲功能低下、毫无用处，会深深伤害孩子的自信心和正常感。他们没有在正常的生活习惯中长大，成年后常常挣扎着为日常生活找到合适的安排，并落入两种极端——要么过得毫无规律和秩序，要么严格遵守安排和规则。

母亲变化的脸

孩子需要稳定。照料者有可能突然向你发难这种感觉，会让神经系统始终处于高度戒备状态，导致持续的高警觉和焦虑。

从对边缘型母亲的描述中可以看出，这样的母亲有一张变化的脸，时而甜美，时而可怕。患有双相情感障碍和分离性障碍的母亲也是如此，我将在下面进行描述。

我们的自我都有很多组成部分，但在分离性障碍中，这些部分更封闭，彼此之间更缺少联系。在分离性身份识别障碍（DID）——以前叫多重人格障碍——中，许多部分不知道其他部分的存在，部分之间的沟通和协调需要花费相当多的努力。就像在许多这类主题的电影里那样，"不同的人格"有时会出现。不太为人所知的是，不同的部分通常并不像好莱坞电影中那样明显。事实上，治疗师通常需要数年的时间才能识别出患有 DID 的人。而孩子更难理解的是，为什么母亲有时对重要的谈话或事件没有记忆，或者在不同时间表现得截然不同！在这种情况下，母亲变脸制造了一个非常不稳定的世界，而孩子最终可能会以类似的方式分裂，以应对这种情况。

和精神分裂症患者不同（二者常常被混淆），许多患有分离性身份识别障碍的患者具有较强的功能，其中很大比例拥有高等学历。因此，母亲是一名医生或法官，并不意味着她的人格一定是整合的。

当然，我们有时会表现出不同的一面，也会经历记忆的缺失，所以不要快速把人病态化是很重要的。但是，当出现一种"化身博士"式的重大改变时，至少可以说，你看到的是一个不太整合的人，而这可能会让一个脆弱的孩子感到恐惧和混乱。

不懂关系的母亲

有时，母亲不仅不能和你同调，在其他大多数关系中也不能同调，因为她不懂人情世故。有时这是因为成长环境里没什么社交，但其他时候，它是有迹可循的。

阿斯伯格综合征是自闭症谱系中功能最高的。2013 年起，它不再被作为一种单独的诊断，但仍然可以用来描述特定的复杂症状。患有阿斯伯格综合征的人至少有一般的智力和语言能力（甚至可能以自己的方式表现得出色），但在帮助他人进行人际关系调整的能力和社交情商方面存在缺陷。

以下是阿斯伯格综合征的一些常见特征，可能会出现在情感缺席的母亲身上：

- 缺乏目光接触和双向交流
- 由于阅读非语言信号（如手势和面部表情）的能力有限，可能会误解或混淆别人的感受和需求
- 当谈话内容不是具体事物、有更多隐喻或言外之意时，无法跟上谈话节奏；没有幽默感，体会不到戏谑、讽刺背后的意图
- 很难理解别人的观点或行事原因
- 由于无法真正把握较大范围的关系场，不能理解为什么自己的行为在特定情境下不得体，因为他们无法真正理解稍大的关系场

我们可以看到，这种模式很容易让人觉得这个人自私或迟钝。留意母亲有没有患上这种综合征，也许有助于理解她。

母亲在避免看见什么

母亲切断对孩子的情感，还出于另一种很特殊的情况：她不能让自己看到孩子被她亲近的人虐待。这最常发生在丈夫或伴侣对孩子有性虐待的情况下。

母亲不想看到这些，出于几个重要的原因。一个显而易见的原因是为了保护自己的重要关系。谁愿意相信伴侣会虐待自己的孩子？她可能感觉很依赖对方，没有对方就活不下去，因而看不到那些自

己无法接受的事。要让自己意识到虐待的存在，她必须更关心孩子而不是伴侣，不幸的是，情况并不总是这样。

很多时候，母亲虽不实施虐待，却也有自己无法面对的过去。一个嫁给有虐待倾向男人的女人，往往自己儿时也受过虐待，很多时候这种虐待完全被压抑了，她们自己也不知道。性虐待再次发生在自己家里，是她们不愿意看到的，为了远离这种事，她可能会对任何跟内心未治愈的小孩处境相同的孩子冷酷无情。

尽管我们不愿去想象，但在极少数情况下，有些母亲会允许一个孩子成为他人（有时是兄弟姐妹）虐待的对象，因为那个孩子代表了她对自己的憎恨。

看到母亲受到如此严重的困扰是令人痛苦的，但看清母亲是治愈的一步。不用把她诊断成心理障碍，但有必要看到她崩溃的原因，这样你就不会再把她的行为归咎于自己了。这是治愈的重要一步，我们将从这里继续前进。

第三部分
治愈养育的创伤

治愈的过程

既然开始讨论治愈,我们就先来做个概述。本章将探讨我们是怎样保护自己免受最深的伤害的,以及我们多么需要揭开这些创伤,以清除堆积的情绪,开启康复的过程。我们还将谈到把写日记作为一种进行情感工作的方式,也会谈到治愈过程中需要面对的两种主要情绪:愤怒和哀伤。

掩饰

也许你已经明显能判断出自己或某个在乎的人有"养育创伤"。你可能也会惊讶于一些备受养育创伤之苦的成年人没意识到甚至完全否认这种创伤。治疗师们发现,很多时候,那些受伤最严重的人,最善于把创伤掩盖起来。来访者可能会把他们的父母极尽理想化,就像在建造一座不容置疑的丰碑。

不幸的是，那就是一个自欺欺人的假象、一个不切实际的故事。即便否认事实，也不可能万无一失，总会有线索能证明母子关系出了差错。除了前面描述过的问题，其他迹象包括：

- 当你看到温柔的母子互动时，情绪会被触发。你可能会哽咽、流泪，或者通过批判和不屑一顾来避开痛苦。（看到你不曾拥有过的东西会很难受。）
- 你可能会避免深入了解和母亲的关系。最好"别惹麻烦"。
- 去看母亲时，你会发现自己变得麻木，或进入恍惚状态，不全然在场。去看母亲总是让人心烦意乱，你会发现自己回到了童年痛苦的感受中。
- 你说一切都很好，但如果有人让你举例说明母亲有多好、讲出感觉被爱的时刻，你却举不出多少例子。
- 你渴望真正的亲密，又对真正的亲密感到不适和害怕。它对你来说是陌生的。
- 你不想要孩子，觉得自己不太像"做父母的料"。

发现创伤

情感受伤之后建立起自我保护机制是很自然的行为，人们可能需要花一些时间才能发现藏在下面的东西。

有时，生活环境会带来严重的伤痛。影响最大的伤痛之一，就

9. 治愈的过程

是成年后失去伴侣。没人爱你、支持你，会带来一个空洞，你可能会产生像儿时那样的被遗弃的感觉。无论伴侣是离开还是死亡，都可能导致这种情况。

和养育有关的情境也可能激起对母亲未解决的情感，比如有了自己的孩子，或者最小的孩子离家时带来的失落，再就是当母亲变老、需要你帮助的时候。

也许你会发现自己和母亲的关系并不简单，这也是一种开始的可能。如果你和她仍然在某种程度上相融，这段关系就会变得粘连，在情感上和她连在一起。比如，如果她看起来沉重、抑郁，那么在思考这段关系时，你可能会感觉到这些，而难以客观地看待她。她的感受变成了你的感受，她的观点（尤其是对你的看法）成了你的观点。

这和通常说的"共生"有关：在这种情况下，你不能真正自由地生活，因为你活在别人的头脑里。如果你一直在弥补母亲的缺点或照顾她，如果她给你灌输了必须忠于家庭（尤其是忠于她）这一信念，那么，让自己从这个黏人的网中解脱出来并不容易。

在治疗中，有严重养育创伤的人往往需要花费相当长的时间才能真正开始讲述童年的真相。一个人最初讲的故事和他／她的真实体验有很大差距；而储存在无意识中的人生体验，需要一定的时间才能被回想起来。当它被挖掘出来时，为保护伤口而构建的故事就慢慢瓦解了。

即便是那些非常清楚自己和母亲的关系多少有所缺失的人，要

159

完全敞开心扉面对缺失的东西，也可能会遇到阻抗，只能随着时间的推移缓慢发生。伤口如此疼痛，我们免不了要避开它。只有小心疏导一部分痛苦，让自己更坚强后，我们才会变得不那么敏感。

将"缺点"定义为赤字

虽然缺失母爱的人常常感觉自己缺失了什么，而且这种缺失的东西至今仍在影响他们，但我们很少能直接看到关联。

我希望本书前几章已经帮你把早期环境中缺少的东西和现在面临的困难联系起来了。读者对我的《从创伤中疗愈》一书最为赞赏的点之一，就是明白了症状和创伤的关系后，他们可以不再责备自己。同样，了解生活中的不足、局限和养育创伤有什么关系，有助于你意识到自己的困境是某些条件的自然结果。就像生长在缺乏矿物质的土壤里的植物会表现出某些缺陷，一个人如果没有得到足够的滋养、支持、镜映和其他必要的养分，就会在某些方面发育不良。用约翰·布拉德肖的话来说，你的"缺点"可以被认为是"赤字"——你错失的东西。

处理你的感受

我们会采取很多方式让自己远离内心深处的感觉，比如忙个不停，不给自己时间进入感受；沉迷于思考（强迫观念）；绷紧身体，

9. 治愈的过程

阻隔跟情感对应的生理反应；浅呼吸，以减少、遏制体验。

大多数心理治疗领域和十二步治疗法这样的项目，都认为人无法治愈自己感觉不到的东西。麻木和掩饰看似能保护伤口，但其实也阻止了伤口愈合。

当我们终于突破自我保护，和童年的体验联结时，会感到受伤。那里有一口我们不想触碰的悲伤之井。这口井既容纳了以"封装"形式存储在某处的感受（当时这些感受太痛苦以致无法被体验到），也容纳了当我们意识到自己经历了什么、错失了什么时所感受到的悲伤。当我们观看母子情深的电影时，流下的眼泪，是对本来可能或应该发生却从没发生过的事的悲伤。

布拉德肖称之为"原初痛苦的工作"。"原初痛苦的工作涉及体验最初被压抑的感受，我称之为暴露的过程。这是唯一会带来'次生变化'的事情，即真正解决情感的深层变化。"[1]

原初痛苦的工作需要处理大量的感受，包括震惊、愤怒、孤独、恐惧、羞耻、迷茫，以及原始的、无差别的疼痛，也涉及悲伤，但悲伤只是其中一部分。

在这段旅程中，我们需要支持和工具。我们通常会尽可能地避开痛苦，所以也许需要他人的关怀和帮助，来为我们的工作提供必要的支持。我认为，个人心理治疗可能是最好的容器，但并不是唯一的方式。团体治疗、互助小组、论坛、工作坊和有爱的关系都可能提供帮助。向别人暴露这种痛苦，并触动别人（不像母亲，她总是铁石心肠）是非常治愈人心的。

161

● 第三部分 治愈养育的创伤

由于我们谈及的伤害的性质，你可能会产生强烈的感觉，却无法将它们跟任何内容联系起来。但这不是搁置它们的理由。我们可以把情感和内容分离开来，因为情感是前语言记忆的一部分，在我们的大脑能够描绘和容纳它们之前就发生了。如果仔细观察，你就会发现在这些时刻会觉得自己很幼小。在创伤最大的时刻，情感和内容也会发生类似的分离，体验会碎裂成不同的轨迹，就像一部电影的画面和声音对不上了。在这些时候，你可能会困惑，感觉不完整。这就是为什么在恢复创伤记忆时，你可能会记得"事实"但没有感觉，或者可能有身体记忆但没有画面感，等等。

尽管这种痛苦看上去会永远持续下去，但实际上并不会——如果你能一直面对它的话。任何情感，只要以真实的方式被联结（感觉到）时，就会发生改变。如果你后退半步，脱离出来，注意到这个过程，而不是固着在感受上，就对你很有帮助。这会让你脱离对内容的认同，进入心中一个"能意识到却不卷入"的模式，也就是通常被称为"见证者"的状态。这种做法也就是与痛苦的情感拉开距离，来帮你探索那种艰难的感受。我有时把这种做法叫作"超越感受"，因为你的一部分位于感受之外。

当代灵性作家为帮助人们找到处理复杂情绪的方法做了很多探索。迈克尔·辛格在《不羁的灵魂》一书中，请读者在开始进入巨大的感受时，"落后于能量"。他引导说，放松你的肩膀和心，让一切如风般穿过你。

另一种不被情绪淹没的方法是在强烈的感受和任意一个别的感

官通道（比如视觉、听觉或触觉）之间来回移动，常用的方式是聚焦于你此刻所在物理环境中的某件东西。你可以移到思维频道，通常不需要努力就能做到，但也可以被有意地使用。如果你能把注意力集中在痛苦之外的事物上足够久，你的系统就会平静下来。你也可以待在情感频道，但移动到积极的记忆上。这种移动可以帮你避免被卡住。

另一个有用的策略是引入一个体贴的客体，可以与之面对面，也可以通过日记里的一段对话。我自己处理痛苦的感受时，几乎总是用后一种方法，在汹涌的情绪海洋中，它能为我提供一只锚。

处理痛苦的感受是有技巧的。虽然近年来出现了许多方法，但不是所有的方法都适合你。我鼓励你去尝试。好消息是，练习会让你变得更强大。

写日记

处理原初的痛苦时，写日记能为你的感受提供一个安全的空间。你不想麻烦朋友，而治疗师（如果你有的话）也不能随叫随到，研究人员已经认识到，在纸上表达情感像口头表达一样是有帮助的，而克制情感则通常会带来较高的压力水平甚至疾病。日记可以充当知己、镜子和向导。在日记里，你不会受到评判和批评，通过对话等更进一步的技术，你可以学会安慰和支持自己。

日记是你的知己，是治愈旧伤的地方，所以是表达痛苦的合适

● 第三部分 治愈养育的创伤

场所。这种痛苦可能是悲伤、失望、丧失、受害、背叛——任何伤害你的东西。你通过分享痛苦来款待日记，日记则通过接纳痛苦来款待你。

写下感受时可能会流泪，这样很好。你可以在日记里做一个简短的附加说明，说写到某一段时哭了，以后这会让你明白到底是什么引发了最强烈的感受。当然，你需要找个安全的地方做这件事，手边有纸巾和一些能安慰你的东西也是有帮助的。

我发现流泪常常是转折点。眼泪告诉我，我已经找到了"苗头"，继续写下去有助于打开心扉，让它成为我的资源。敞开的心和其中的慈悲，也许是对抗痛苦时最重要的资源。

虽然感觉像要永远哭下去，但事实上通常只需要哭一小会儿。就强度而言，我们可以处理的痛苦，通常比自己想象的要多很多。避免痛苦似乎是种本能，以至我们很少去测试自己的潜力。

有需要的时候你可以休息一下，暂时放下日记，做点别的。你可以回顾一段愉快的往事（比如对真正关心你的人的回忆）。通常说的转移注意力，可能是头脑试图让我们喘口气的自然方式。

你可以在日记里让自己的两部分进行对话，比如，一个是感觉到痛苦的部分，另一个是接纳你痛苦的某人（像治疗师，如果有的话）的内在表象，或痛苦之外的智慧人物。写对话时，你只需来回表达事物的不同方面，每次换到另一个声音，就另起一行。

写日记时，就不是孤零零地和情绪待在一起了。如果把感觉藏在心里，你肯定会更孤独。

愤怒的治愈力量

约翰·布拉德肖说："你可以愤怒，即使你遭遇的是无心之过。事实上，如果想治愈内心受伤的孩子，你必须愤怒。"[2]

对母亲感到愤怒也许很难，她生下你、还给你包扎擦伤的膝盖。当你相信她"尝试"过或者的确爱你——即使没有能力以你能感觉到的方式表现出来，就尤其难以对她感到愤怒。要记住，愤怒不是目标，你也不会一直愤怒下去，它只是治愈过程的一部分。

如果你仍然想从母亲那里得到什么（爱、尊重、认可、联结……），并需要避免惹恼她，你可能会觉得愤怒太危险，甚至不愿承认它。如果你必须保持某种没有愤怒的自我形象，你也需要控制这种情绪。但如果想保护受伤的内在小孩，如果想创造空间去感受那些早年间太可怕而感受不到的东西，如果想释放这种感觉（而不是无意识地陷入其中），就要允许自己感到愤怒。

你对母亲的愤怒可能很早就产生了，关闭愤怒的习惯也一样。依恋理论的先驱约翰·鲍尔比说，愤怒是孩子的依恋需求得不到满足时的自然反应。孩子如果觉得愤怒只会让妈妈变得更疏远，就会学着关闭它。这时，两种主要的不安全依恋类型又出现了。回避型、自我依赖型的人最有可能压抑或隐藏自己的愤怒，认为愤怒只会伤害关系，而那些矛盾型、迷恋型的人则学会了用愤怒来吸引别人的注意。

● 第三部分 治愈养育的创伤

　　从小到大，我们也许曾经用愤怒把别人推得越来越远甚至与其分开。但愤怒依然在成长中具有积极的作用，它是你自身体验的一部分，有时会和"家"的神话不一样。作为成年人，当你说"这是我的体验，我得到的不够"时，愤怒就出现了。

　　你有权利愤怒，愤怒并不意味着你是个坏人，甚至不说明你是个爱生气的人——明白这一点很重要。愤怒是一种信息，表明有些事情不对劲。如果我们没有压抑它，它其实是对"自己被侵犯"这一事实的健康反应。

　　我们必须从对愤怒的恐惧中走出来，认识到危险的不是愤怒，而是与愤怒情绪之间不健康的关系。如果我们无法冷静地包容自己的愤怒，不分青红皂白地发泄，愤怒就会控制我们。一个人压抑自己的愤怒很多年，达到崩溃的临界点，并以暴力方式发泄出来，愤怒就会成为悲剧的因子。在这种情况下，愤怒是危险的。还有一种"纯粹的愤怒"，它不贬低，而是传达尊重、带来真诚，从而积极地服务于关系。

　　健康的愤怒的一个例子是，如果一件事以不尊重、违背自己意愿的方式发生，愤怒就会出来说："这不行。"这就是愤怒的目标——建立必要的边界。

　　释放禁锢在体内的愤怒也很重要，这些愤怒甚至在你感受到以前就被压抑了，包括婴幼儿时期的愤怒。我相信，可以通过有技巧地感受或表达，来代谢和释放这种愤怒。然而，有时释放愤怒会变成一个自我强化的循环，这是要避免的。最安全的做法是和熟练的治疗师一起做释放愤怒的工作。

愤怒是多方面的，这是另一个重要的区别。有一种"受害者的愤怒"，牢骚满腹、无能为力；还有一种被赋权的愤怒，让人觉得像在捍卫自己的权利。我想说的是，要去获得"被赋权的愤怒"，即使你先得到的可能是另一种愤怒。

有些人发现愤怒很容易，把它作为全能的情感，来代替失望、悲伤、恐惧——什么都行。另一些人则把怒气憋在心里，因为他们潜意识里担心，让自己感到愤怒，意味着防洪闸一打开就再也关不上。治愈任何类型的情感创伤，都需要让情感变得流畅，能够在大量的感受中进行体验和区分，而不是成为任何一种感受的奴隶。

日记是愤怒的好去处。尤其是因为很多人都会对愤怒感到不舒服，比起悲伤这样的柔软情绪，可能很少有朋友会对愤怒表示支持。愤怒是硬邦邦的，有时还挺可恨，不是那种能轻易展示给别人的美好感受，然而日记能不加评判地容纳它们。

处理愤怒时，"允许"是关键。许多人都学会了忍气吞声，要改掉这一点通常需要很长时间。坚持诚实地写日记，有助于改掉这种不利的自我审查的习惯。

如果愤怒是你不能包容的情绪之一，而且你会以有害的方式付诸行动，可能就需要采取特别的预防措施。重要的是，你得能调节愤怒，让它沿着一个连续体变化，而不是处于不是"关"就是"开"的状态。你需要在愤怒刚出现时就意识到它，有测定它的工具，能在任何时候控制它的量，通过转移注意力、呼吸或暂停来阻止不必要的情绪升级。如果觉得无法控制自己的愤怒，甚至不敢去碰它，你可以考虑参加一个管理愤怒的课程，或和治疗师一起工作。

> ### 📝 探索你的愤怒（练习）
>
> 　　在这个练习中，我们将用到日记中的"句干"。句子第一部分已经准备好了，你可以用脑海里想到的任何事物来补全。速度要快，这样就不会自我审查了。我鼓励你把这句话补全十次或更多次（列表越长，练习就越有效），并把想法集中在母亲身上：
>
> 　　我为_____而愤怒
>
> 　　完成后，读一遍所有的回答，并留意自己的感受。如果你想自由地写点什么，这是个好时机。我也鼓励你进一步反思：
>
> 　　在愤怒下面，我感觉到_____
>
> 　　这个句干也得至少补全十次。你也可以列出还没有原谅母亲的事。

悲伤

　　除了处理愤怒，治愈养育创伤也意味着要去面对深深的悲伤。为失去的东西悲伤，为孩提时遭受的煎熬悲伤，为我们的生命因此

9. 治愈的过程

变得多么渺小、扭曲而悲伤。泪水似乎无穷无尽。

你可能听说过伊丽莎白·库伯-罗斯博士的研究,她概括了悲伤的各个阶段,尽管我们更倾向于线性地看待这个过程——和她的想法不太一样,不过,否认、愤怒、讨价还价、抑郁、接纳这些元素都是相关的。为了完成悲伤,我们必须放弃不切实际的希望(这种希望否认了最基本的真相),放弃用来讨价还价的"要是……就好了……"。在和母亲的关系中,"要是……就好了……"很早就开始了:要是我做个好孩子,不打扰母亲就好了;要是我不哭就好了;要是我能安慰她就好了;要是我能让她骄傲就好了……这些都是真诚而绝望的尝试,试图让这个女人变成我们需要的好妈妈。

我们最终必须放弃这种对理想母亲的幻想。作家兼心理治疗师琳赛·吉布森指出:"许多孩子没有意识到父母发展局限的严重程度,认为父母体内肯定藏着一个真诚的、发展完善的人,那里有一个真实的人格,只要父母允许,自己就能和他／她联结。"[3]

唉,我们多么希望那个完好、温暖、易得、负责、同调的人存在!尽管我们的大部分经验正好相反,积极响应的次数只够维持这种幻想,但最终,悲伤会让我们接受现实,即使在一开始,这种现实看起来会置人于死地。这就是为什么抑郁,即对丧失的情感反应,往往出现在接纳之前。我们会感到心碎,但如果带着慈悲拥抱它,并获得支持,我们最终会走向平静。

✏ 要是……就好了……（练习）

让我们来探索三组"要是……就好了……"。

第一组是关于妈妈和她的幸福。你可能早就有这些观念，也可能意识到现在仍然有，比如：

- 要是她开到对症的药就好了。
- 要是她能摆脱抑郁就好了。
- 要是她去接受治疗就好了。
- 要是她有稳定的婚姻就好了。

当你希望好妈妈回应你时，会有哪些"要是……就好了……"的观念？请列出来。

第二组是你小时候怀有的"要是……就好了……"的观念。前面已经举过一些例子。其中一些可以从你自己的行为中推断出来。

最后，你对当下关系的"要是……就好了……"是什么？在这个结构的第一部分是"要是……"，接下来是关于它怎样影响你的关系和自我感的假设，看看你能不能识别这部分。

- 要是能让她看到我有多好，她就会为我感到骄傲，而我会得到爱。
- 要是我们能一起度过好时光，她就会看到我多了不起，会想和我亲近。

这些意味着你仍然想从母亲那里得到些什么，但它不是被隐藏起来，就是早已被摧毁。如果你主要的感受是厌恶，那你的"要是……就好了……"可能会像这样：

- 要是她死了，我就不用再想她了，我会更快乐。
- 要是她不再从我这里索取，我就自由了。

治愈时需要放下幻想和假设，接受现实和局限。这个问题相当棘手，我将在"内在小孩"那章的"从母亲那里解放"中再次讨论。

告别过去

那些不愿进入这样的内心深处的人，在谈到感受或跟过去未竟之事的关系时，常使用"沉溺"一词。他们抛出这类词来勾起我们的羞耻感，并传达这样的信息："忘了就好！"

的确，这是一个我们扪心自问的问题：这种状态要持续多久？我的感觉是："当我们完成它，就放下了往事。"完成——就这么简单。

有时，其他事情会变得更有趣，过往的情绪无法与之相比。我们耕地，挖出了大石头，新事物在成长——这些事物吸引我们并丰富我们的生活。

●第三部分 治愈养育的创伤

这并不是说，如果有人触碰了我们的核心创伤，我们就不会退缩（尽管确有可能不会），但我们会主动完成悲伤，继续前行。在那之前，请试着通过提醒自己"虽然不是每个人都需要这样做，但你可以自己选择"，来反驳那些"应该忘记过去"的想法。不，你没有要求这样做，你也不会选择这样做。可以说，因为你有这种特殊的遗产，且不想把它传承下去（如果你已为人父母）；或者因为你内心深处跟那个缺失母爱的孩子有联结，想让事情变好，所以才要疗愈自己——"打漂亮仗"。悲伤和原初的痛苦的工作不是全部，只是其中一部分。

你确实有被卡在那里的危险。我们可能从任何有效的经历（尤其是那些早年发生并留下深深伤痕的经历）中获得身份认同。处理这些养育创伤并不容易，需要相当的决心和智谋。其中一个有效的工具就是"好妈妈的能量"。

和"好妈妈的能量"联结

为了治愈,我们不仅要承认和哀悼失去的东西,也要想办法弥补。要对养育缺陷和不全然在场的母亲进行弥补,我们需要和"好妈妈的能量"联结。幸运的是,除了治疗,还有很多方法可以做到这一点,这一章将主要介绍其中三个方法:(1)和好妈妈的原型建立联结;(2)找到其他代替好妈妈的人;(3)在重要关系中解决未解决的问题和未满足的需求。

向"好妈妈"敞开心扉

如果你像许多人一样,压抑着对好妈妈的需求和渴望,那么当它释放出来、丧失感出现时,你会产生非常强烈的感受。这种渴望也许会让人感到陌生、危险、尴尬,但它对治愈过程至关重要。对母爱的渴望是自然的，当你是孩子的时候，它就存在了——即使你学会了把"关闭它"作为生存策略。正如一位治疗师提醒来访者的：渴望本身是健康的。想得到滋养和照顾，是人之为人的一部分。

尽管这种渴望曾经遭受挫折，但现在它可以开花结果。我们可以从其他人那里得到滋养、照顾、指导、保护、镜映等，他们是我们现在"选择"来履行这些职能的人。最终，我们能以自己最好的体验或者对好妈妈原型的体验为蓝本，在内心发展出一个强大的好妈妈。

不管你从哪个层面努力，动力其实都一样。如果你卡在自己是多么缺乏母爱的沮丧中，好妈妈就无法帮助你。如果你挑衅地转过脸去，她就无法温柔地抚摸你的脸。你必须允许自己脆弱，来让她靠近。只有这样，才能收到她的馈赠。

原型

原型是超越生命的模式，作为人类的我们，只能部分地体现它们。原型超越生命，因为它们比生命的任何一种表现形式都更宽广。比如，代表"老妇"的人不会只以一种方式出现；一位英明的长者可能比另一位更外向或更乖僻。原型就像戏剧中的基本角色，每次演出都会由不同的演员来扮演。每一种文化，就像每位戏剧导演一样，挑选的演员略有不同，但我们会一次次地看到相同的基本角色类型。

10. 和"好妈妈的能量"联结

据那些在精微能量方面体验原型的人说，这不仅仅是一个约定俗成的问题。同样的原型一次又一次出现，是因为它们以能量模式的形式存在于更大的超个人领域。许多这样的原型自人类文化开始以来就被认识到，尽管在早期，这些基本能量更多和自然界联系在一起。早在圣母玛利亚代表母亲原型之前，地球母亲就已经存在了。女神文化，作为滋养和供给的源泉，以及主要的母性形象，是和地球有关。关于这一原型，每种女神文化都有各自的称呼和形象，但它们都知道这一原型。

瑞士精神病学家卡尔·荣格在20世纪初将原型引入现代心理学时，将其描述为我们共有的集体潜意识（更大的心灵）中保存的祖先记忆残余。从荣格派的观点来看，我们生来就有一个好妈妈原型作为心灵支柱。这个原型就像一幅蓝图，当我们得到"足够好"的养育时，它就会打开并发挥作用。[1]

如果原生家庭中没有发生这种情况，我们可能会找到其他人来激活这个原型，比如治疗师。治疗师于是成为原型的化身和通往原型更深层能量的通道，这一点可以以其他方式体验到，稍后我们会进行讨论。

意象和符号的运用

我们常通过强烈的意象来体验原型，借助梦、意象导引和艺术作品都可以。可能出现的原型包括"好妈妈"（尤其是像第2章中列举的那些好妈妈的特质）、坏妈妈/女巫、被遗弃的孩子，和饥渴、原始的本我。

四十多岁的女性卡拉说，她经常在冥想、梦、艺术创作中遇到一个保护性的熊妈妈形象。她发现自己创作了成对的母婴、画了很多圆圈——许多人会把圆圈和母亲的乳房联系在一起，而她联想到的则是母亲、子宫，以及被一个安全的空间容纳。对卡拉来说，这表达了她对母性的渴望，这是她生命中缺失的东西。她没有受到过保护，也没得到过什么滋养，几乎没有时间和母亲独处。

卡拉体验了被自己关闭的、作为一个原始生物小孩的本能欲望，它如此贪婪，以致可以活活吃掉她。记住，任何被推进无意识的东西都会聚集能量。我们不可能切断本能的需求而超越它们，又不让某种反作用力定期从我们个人的阴影中爆发出来。

把好妈妈的形象表现出来，可以把这种原型带入你的意识深处，我鼓励你花点时间去做。可以是拼贴画、绘画、雕塑——方式不胜枚举，其理念是把理想母亲锚定，给她一个呈现形式。之后，在进行内在工作时，你就可以用这种形式来唤起她的能量了。

你也可以列出"好妈妈"传达的信息，列出和这一原型相关的特质。我就在自己做的拼贴画上写下了"好妈妈"传达的信息。

来自圣母的帮助

和母亲原型相关的经典意象之一，是基督教传统中的圣母玛利

10. 和"好妈妈的能量"联结

亚。圣母子是现存最常见的绘画形象之一。这一形象早在公元前就存在，而且似乎具有普遍的吸引力。玛丽是众多以音节"Ma"（意为"母亲"）开头的名字之一。圣母玛利亚经常和玫瑰联系在一起，而玫瑰也和同样神圣的母亲的能量相连。

许多人说，自己曾从圣母玛利亚或其他宗教传统的母亲形象（如观世音菩萨）那里得到过安慰和指导。即便不是全部，大多数文化传统中也都有神圣的母亲形象，信仰这些传统的人常有得到这种母性能量的爱和照顾的体验。

一位女士说，她觉得自己就像一个易怒的婴儿，当感到自己被像圣母玛利亚一样慈爱的形象拥抱时，自己就能放松下来。另一位女士在想象自己被母神裹在襁褓里时，也有类似的体验。第三位女士叫安，她说自己在内在旅行时遇到的一个女神形象似乎带走了自己的负担，吸收了自己的痛苦。安发现自己可以在需要的时候呼唤这种存在。我认为这些都可以看作对作为调节器的母亲形象的内在体验。

有时答案是要被照顾、滋养，有时答案则是要去照顾、滋养别人。这在人类层面是真实的，但也可以发生在精神层面。爱丽儿是一个非常缺乏母爱的人，她求助于女神传统来提供正面的养育模范和内心深处的女性榜样，发现这样做的确能带来治愈能量和转变。她现在把自己看作女祭司，这不是任何宗教权威赋予的称号，而只意味着成为神圣的女性能量的通道。她的工作就是体现这种能量。神圣母亲是矩阵，是拥抱我们所有人的互联网络。

对任何一位神圣母亲形象的虔诚践行,都有助于向好妈妈原型敞开心扉,最终有助于用更慷慨、更温暖的形象来取代拒绝的母亲形象。我们需要榜样来发展内在的好妈妈,而那些来自精神传统的榜样对许多人来说是有效的。

接受好妈妈的"好"

无论感觉自己是宇宙母亲的孩子,还是和履行好妈妈职能的人(无论性别)建立联结,都一定会有助于建立安全的关系。

和好妈妈的联结会使我们或多或少地传承她的一些品质,比如她的自信、亲切、慷慨等。正如安全依恋的孩子会觉得和家人居住的地方也是完全属于他们的(有孤儿情结的人就少有这样的感受),那些和"妈妈"建立了充分安全依恋的人可以自由分享他的天性,让自己感到无拘无束。这可以通过模仿"妈妈"的外在行为做到——比如她站着或歪着头的样子,也可以发生在更深的层次——孩子感觉自己是"妈妈"心灵的一部分,她的特质也像自己的一部分。

崇拜自己母亲的孩子也带着这种理想化光环。安全依恋的孩子如果觉得"我妈妈真的很特别",就也会觉得"我也很特别,因为我是她的一部分"。这和作为源泉的母亲有关。

10. 和"好妈妈的能量"联结

寻找好妈妈的第二次机会

幸运的是，成年后我们有第二个机会去获得早年缺失的养育，甚至可以在不止一段关系中体验到。我们可能会得到爱、滋养、指导、鼓励、镜映、保护等好妈妈的功能，它们来自伴侣、治疗师、密友、姻亲、精神导师、导师，以及最终在自己内心发展出的那位母亲。

如果我们能接纳，那么有个人稳定地陪伴在自己身边是件大好事。但如果执着于早年爱的缺失而不去接纳，就不能治愈我们。也许我们得经历不适，克服自己不值得这种感觉，并学会信任，但只有接受这种滋养，才能治愈养育创伤。

当我们看到给予是出于爱而不是义务时，会被深深打动。（情感缺席的母亲的孩子常常觉得，母亲的任何关心都是出于义务。）如果我们能够接受这种自愿给予的爱和关怀，最终会发展出一种健康的权利感，一种自己的需求很重要、自己有权得到支持和滋养的感觉。慢慢地，我们的态度会转变为积极的期望，即自己的需求会得到满足。

要实现这一点，好妈妈的替代者需要对我们很慷慨：慷慨地给予关注、慈爱，慷慨地赞美我们，并慷慨地给我们解决问题所需的空间。由于情感缺失、缺乏表情、疏忽大意的母亲给不了太多，所以这种慷慨是治愈创伤的关键因素。我们往往会惊讶地发现，慷慨

● 第三部分 治愈养育的创伤

的母亲乐于满足我们的需要。这种快乐也是她成长的一部分。

很显然，履行好妈妈职能的人也一定会让你感到安全。然后会发生近乎翻天覆地的转变：你的自我意象和你在关系中的状态都不一样了，内心被冻结的孩童状态也苏醒了。如果你已经建立起坚固的防御结构，认同了周围人的批评，在治愈的过程中就需要摆脱这些。你要变得柔软、善于接纳，就像一个信任地睡着在妈妈怀里的孩子。所以，必须找到那些能让你进入这种状态、值得信赖的人。

记住，这是一段旅程——漫长的旅程。孩子不是一夜之间长大的。虽然我们的目标是治愈心灵创伤，成为一个健康完整的成年人，但这是分阶段进行的。我发现从"内在小孩被治愈"的角度来看这个问题最有帮助，但也可以把它想成只是填补缺陷或强化系统，以便能够吸收之前缺乏的营养。

和伴侣一起满足滋养的需求

我们很自然地会在浪漫关系中试图满足之前未被满足的需求。这既是一个很好的选择，也是一个麻烦的选择。我们可以在爱情关系中感到被关心、被温柔呵护、被珍惜，这种关系适合相互依偎、满足触摸的需求，展现我们不设防的、甜美的自我，但也远不止这些。伴侣通常是家庭和物质生活上的伙伴，往往还要协助抚养孩子。伴侣关系是满足我们性需求的首选关系，也是我们有责任养育和照顾别人的地方。这么多角色同时存在，就对在这里满足未竟的童年

10. 和"好妈妈的能量"联结

需求提出了一些特殊要求。

如果你正处于一段关系中，以下问题可以帮你审视它。如果现在没有伴侣，也可以用这些问题来反思过去的关系：

- 这段关系满足了哪些心理和物质需求？你们中有谁扮演了对方的好妈妈吗？具体履行了哪些职能？
- 你们中谁提供的滋养比对方多吗？还是会轮流？这段关系包括亲子关系的成分吗？

如果我们试图满足早期的需求，却没有有意识地达成协议，就有可能带来麻烦。当我们开始约会或跳交际舞时，通常不会问："你愿意做我的妈妈吗？"如果伴侣发现自己还没同意就被赋予了这样的职能，就会心怀怨恨——尤其是如果他们抽不出时间的话。

如果能就具体的需求给伴侣提供选择并进行协商，情况就会好很多。我们可以用成年人的方式问："你能抱我一会儿吗？我觉得孤独、不安。""我内心的小孩现在很害怕，想听你说一切都会好的。""我需要你马上镜映我的感受，这样我才知道有人听见我说话了。"如果你身上成年人的部分可以来协商，那就最好不过了。有很多好的书籍和课程可以帮你学会表达自己的需求。（如果谈论内在小孩或"孩子的部分"对你来说很陌生，你可以先读第11章，然后再回来。）

这并不意味着你心里孩子的部分不能和伴侣建立关系。最好能让成人的部分保护孩子的部分，以评估在一段特定的关系中什么是合理的，并带头进行协商。孩子的部分也可以向前一步，提出要求，但最好的状况是明白伴侣不是身边唯一的成年人。你可能决定让大部分内在小孩的工作和重新养育的过程在其他地方完成，但偶尔让伴侣滋养你的内在孩子也挺不错。

在浪漫关系中，我们还得愿意交换角色，为伴侣提供滋养、保护和照顾。这可以是一种成人之间的交换，也可以由一方扮演家长，来养育对方内在小孩的部分，或者让双方内在小孩的部分相互照料。如果你们都是受伤的小孩，可能会有很多伤害和责备，但两个孩子在一起学习复原和信任，也能得到一些乐趣。

要记住，成年伴侣不欠我们无私的爱，那是我们想从母亲那里获得的。他们有需求和局限，既然我们已经成年，就得对自己负责。这并不意味着你不能有脆弱的感觉、不能有源自婴儿期的需求，但这意味着你的伴侣有权选择是否回应这些需求，而最终是你需要为这些需求负责。让你的伴侣满足这些需求只是众多选择之一。如果伴侣没有满足你，你还有别的选择。重要的是别沉溺于内在小孩的感受中而忘记了这一点。

可能会在伴侣之间上演的婴儿模式的一个例子是，试图停留在早期融合状态的一体感中，在这种状态里，婴儿觉得自己就是妈妈的一部分。这被称为"融合"关系。两个人融合在一起时，不会把自己看作独立的、不同的个体。对许多人来说，坠入爱河之所以如此令人陶醉，部分是因为能重新体验这种合一的感觉。随着时间的推移，差异自然会浮现，合一的感觉就消失了，双方都觉得自己是独立的。如果你还没有融合够，可能会抗拒，并努力保持一体的感觉。这会带来麻烦,因为如果你看不到伴侣是独立于你的,就不能真正关注伴侣的需求。

如果早期的需求在一段关系中占据突出地位,我们就会成为这些需求的人质。有些人很难离不开一段关系,是因为他向伴侣投射了许多基本的养育需求,而且还没发展到准备好离开母亲的阶段。

重复过去

许多心理治疗师认为,成年人会无意识地重复来自早年亲子关系的不健康模式——比如选择那些和父母一样不易得的人作为伴侣。在这种情况下,治愈时往往需要意识到这种模式,在治疗中或其他地方处理童年创伤,并在恋爱关系中做出新的选择。试图从像妈妈一样的伴侣身上获取从妈妈那里得不到的东西,往往没法成功。

但这样的例子很常见。很多治疗方法都围绕这样的观念:我们被那些和父母有同样缺陷的人所吸引,是在潜意识层面想要疗愈早年的创伤。在像意象关系治疗这类的方法中,治疗师帮助来访者利用关系中的困难来唤起早年创伤并进行治愈。另一种是聚焦情绪的伴侣治疗,利用伴侣关系来修复依恋创伤。从这个角度看,人们并没有选错伴侣——他们为治疗做出了完美选择。

下面的自查条目可能有助于你发现自己的模式:

- 写一段话,描述你小时候对母亲的感受。不需要是完整的句子,甚至可以是一串形容词。然后写一段话描述在重要浪漫关系中的体验，并寻找相似之处。（注意，重要的伴侣关系不一定是持久的关系，但往往是情绪化的关系。）

- 在你们的关系中，冲突和不安的根源是什么？这些反映了童年早期的什么方面吗？
- 在当下的关系中，哪些迹象显现了早年的未完成事件和不安全依恋？
- 在人生的这个阶段，你能和一个内心稳定、耐心、热情、充满爱的人相处吗？还是倾向于找一个不稳定、不全然在场的人？

成人生活中出现的未满足的童年需求包括：

- 需要过多的支持和保证
- 当伴侣没有立即回应自己的需求时，会感到不安全、忌妒和愤怒
- 无法容忍伴侣的缺席
- 保持融合的关系——正如我们常说的"连体婴儿"
- 把母亲的负面特质投射到伴侣身上
- 把伴侣抬到胜你一筹的位置，感觉他/她比你更聪明、更有能力、更有价值
- 忍受伴侣经常的遗弃、不易得，或者用回想起童年时期一样的感受的方式做出反应
- 不期待从伴侣那获得情感亲密（因为没有从母亲那里得到过，也不期待从任何人那里得到）

安全浪漫依恋的治愈力量

作家苏珊·安德森在《从放弃到疗愈的旅程》中说,在安全的关系中,浪漫伴侣所起的作用,就像母亲对安全依恋的孩子一样。在这两种情况下,关系都提供了基本的归属感、安全感和联结。说到成年人,她写道:"很多人的功能恰到好处,是因为他们在重要关系中感到很安全。他们自信、自主、满足,因为知道有人在支持他们。"这种关系的破裂会严重破坏信心和幸福。[2]

事实上,人们经常发现伴侣关系对人有益,比如让人更健康、更长寿。它们也可以成为熔炉,让不安全依恋的成年人变成安全依恋型,并从中获益。

> **被拥抱的机会(练习)**
>
> 这个练习可以和伴侣、朋友一起做,是一个被安全的人拥抱的机会,你接受给予,而不必努力争取,也不必回报对方。如果想象内在小孩接受了这一切,治疗就会最有效。想想有多少女人抱怨说自己想要拥抱,但如果伴侣不把它变成性爱的机会,她们就很难得到。这个练习就是一次机会,可以让一些早年需求得到满足。
>
> 这个练习的搭档,要同意它的指导原则,愿意提供安全的、非性的拥抱。

这个练习是互惠的，每个人都有机会被拥抱，也有机会成为去拥抱的人，所以你要先决定扮演哪个角色。商定每个人接受拥抱的时间会有帮助，20分钟就比较好。

基本的原则是，提供拥抱的人不抚摸或安慰对方，更多是作为一个简单的、接纳的存在。这种练习通常是让双方坐在地板上，"孩子"坐在前面，"好父母"靠在墙上以获得支持。可以把枕头当作柔软的背景，并在一定程度上缓冲身体的接触。孩子背靠在（或倚靠在）扮演好父母角色的人的胸膛上，"好父母"则用双臂搂住"孩子"。被拥抱的人可以根据需要改变位置。扮演接纳角色的人，要尽可能地放松下来，真正接纳这种最原始的支持和滋养。在此期间不要说话。

转换角色之后，留出时间来讨论一下你的体验。

要认可自己有勇气和决心去尝试一些实验性的东西。如果一切顺利，双方都满意，你们可以找个时间再做一次。

一位女性说，她第一次做这个练习时，每隔几分钟就焦虑地检查一下，为被搭档抛弃做准备。搭档稳定地存在约10分钟后，她放松下来，真正接受了被拥抱这件事，明白容器足够安全，她可以在里面休息。这是一次深刻的体验，一种她"值得被拥抱"的新感觉。想想看，多少年幼的孩子没有这样的美好时刻，没有一种自己足够重要、值得母亲哪怕片刻全神贯注在自己身上的感觉。这类练习有助于改变这种深刻的烙印。

10. 和"好妈妈的能量"联结

你的便携式好妈妈

人们相信年幼的孩子构建了母亲的图像并携带在心里,从而有助于最终和母亲分离并相区别的过程,因此,建立好妈妈形象的内在感受,实质上是创造了一个随身携带的"便携式好妈妈"。

这可能只是对胜任好妈妈角色的人的记忆集合,也可能还有他人的爱和支持的内化。有一次,我看到一个意象:我的心理治疗师用双手捧起我的心,以极大的温柔和奉献精神来支持我。我感觉好像自己可以把这个意象带入内心,让它变成其中的一层。我也经常在日记里和治疗师对话,有时她会说一些出乎我意料的事,但并不会和我认识的她有偏差。

吸收和内化好妈妈能量的过程不是一个纯粹的精神或心理过程。要体会这些美好的感觉,就需要让它们浸透你的身体。这里有一个小练习,可以用来帮助你内化任何你想要加强的感受或心理资源。你可以用它来接纳生活中某人对你的滋养,帮助你和好妈妈原型或第 2 章描述的好妈妈功能取得联结。

📝 强化心理资源（练习）

先有意识地选择你想要深入感受并让它融入自己的东西。当你开始感受它时，留意最初是以什么形式意识到它的。是视觉图像，还是体内的特定感觉，还是通过另一种感官渠道或是多种渠道的组合呢？

注意它是如何影响你的呼吸和肌肉张力的。它给身体带来的是温暖还是凉意？还有其他感觉吗？

你能把这种感觉带到各处，贯穿身体、直抵脚趾吗？

这种感觉如何影响你的姿势？它是开放的，还是只支持特定的地方？

留意出现在脑海中的任何记忆或意象。

你可以用什么唤起自己这种体验？（可能是一个意象、一个词、一段关于体内某种感觉的记忆。）

当然，你实践这类练习的次数越多，效果就会越明显、越持久。

如果你内化了一个依恋对象或一个智慧人物，就可以在需要时向他／她求助。心里有这样的部分，会增强你的修复能力。在下一章中，我们将展开说明这一点，把你在心里培养的好妈妈也包括进来。

聚焦内在小孩的治愈工作 11

你可能听说过"孩子是成年人的父亲"这句话[1]，意思是"孩子"是成年人生活的根基。这种基础至关重要。孩童时期适应力强，成年后适应力才会强。

不幸的是，我们中一些人童年时期从未达到过那种水平的适应力。"孩子"部分有太多创伤，这成了受伤的成年人的根基。即使这些伤口在很大程度上管理得很好、不见了，有时也会发挥它的影响，让我们表现得不成熟。

幸运的是，治愈这些童年时期的创伤，让一个适应力强的孩子成长起来，成为健康、适应力强的成年人的根基——这件事永远都不晚。

● 第三部分 治愈养育的创伤

内在小孩治愈概论

谈论受伤的内在小孩，会给一些人带来不适，他们对孩子（无论是不是内在的）都没什么耐心。撞见"内在小孩"这个概念，会和撞见许多真正的小孩一样让人恼火。

然而，数以百万计的人发现，治愈内在小孩是有帮助的。我更喜欢称之为"小孩状态"，用这个术语，是因为我找不到证据支持内在小孩只有一个。"内在小孩"这一概念，常常会和一般的内在生活混淆，尤其是感情和冲动。我认为这是一个错误。每次你感到悲伤或生气，那不一定就是你的内在小孩的反应。

我们是非常复杂的生物，不会只有一个稳定的人格，而是有许多不同部分，在不同的时候发挥作用。小孩状态有不同的信念、情感和记忆，有时集中在某个年龄段。有些小孩状态很聪明，有些有创造力，有些带有特定的体验，比如创伤或被遗弃的伤害。了解这些不同的内在小孩状态，会有助于我们了解自己，并尽量让自己完整。由于使用复数往往会很尴尬，我有时会用单数来指代内在小孩。内在小孩治愈工作中使用的方法主要包括以下几种：

● 使用引导冥想、意象或催眠来和小孩状态相遇、交流

● 拿出童年时期的旧照片来帮助回忆和感受

● 用玩具娃娃、泰迪熊或类似的道具（它们代表着小孩状态）来帮助了解孩子的感受，或者让成年人部分在"有滋养功能的父母"

11. 聚焦内在小孩的治愈工作

角色中练习

- 使用艺术作为媒介，尤其让你的小孩状态来表达自己
- 写信给内在小孩，或者以内在小孩的角度来写信，以此作为建立联系的方式
- 通过写日记、内部自我对话、语音对话这样的技巧，在成年人和小孩状态之间进行对话

内在小孩的治愈可以自己做、在工作坊里做，或者和治疗师一起做。重要的是，即使这种治愈方式是由老师或治疗师介绍给你的，即使你是在心理治疗中深入了解它，你也能有办法在家里继续这些关系。

我认为，这方面最实用、最有帮助的书，是露西雅·卡帕席恩的《内在小孩的治愈》。这本书中有四十多个练习，涵盖了很多种活动。帕尔奇奥尼充分利用艺术和写作跟内在小孩状态进行交流，推广了换手练习法，来区分内在的成年人和小孩，即改用非惯用手来表达小孩的部分。

约翰·布拉德肖的畅销书《回归内在：与你的内在小孩对话》充分利用写信和自我肯定的方法，为孩子提供早年缺失的好父母信息。他打通了不同的发展阶段——这是个好主意，虽然我觉得他对这些阶段的描述过于弗洛伊德化，让我不太舒服。我认为，你可以对内在小孩及其需求做出反应，而不需要经过像俄狄浦斯情结这样的理论过滤器。

我们常常没意识到这些内在小孩状态，却跟他们融合在一起，

感受着小时候体验过的情感和需求。我们可能会被十几岁的急脾气或两岁的耍性子所困扰，感觉黏人、不安全，沉迷于自我安抚，或者觉得自己太小，还不能进入外面的世界。区分和识别自己的每一种状态是很有帮助的，可以让我们和它们建立有意识的关系，并意识到我们从何而来。

有些人认为，我们永远无法超越内在小孩，我们的目标是让他们快乐、健康。另一些人则理想地认为，处理内在小孩状态的过程是将这些部分融入成年人状态。我并没有特别的偏好，哪种都可以。有一个甜美活泼的孩子在心里很好，把他们的积极品质纳入成人自我也很好。

正如孩子通过满足自己的需求获得成长，满足内在小孩从前未被满足的需求，也会让他们成熟起来。自我中围绕这些需求的部分随后可能消退或散去。其他的小孩状态则开始拥有重要的天赋和特质，它们往往在童年时期被切断、丢失，现在可以重新找回来了。其中一些就是下面描述的孩子的天生特质。

孩子是自我之母

我们明白孩子是成年人的父亲，我们同样也可以说，孩子是真实自我的母亲。孩子通常被认为是真实自我的本质。这就是卡尔·荣格对孩子原型的描述，他认为这个原型象征的是完整。

该原型也被称为"自然之子"或"神圣之子"，其品质包括：

- 诚实、真挚
- 甜美、慷慨，有爱心
- 童真和"初心"
- 开放和信任
- 想象力和直觉认知
- 好奇心
- 惊奇、敬畏和游戏的态度
- 自发性，我们所喜欢的孩子那种未经修饰、自然的行为
- 生命力和活力

大多数倡导内在小孩疗法的人，不仅希望治愈受伤的小孩，还希望能恢复这些美好的孩子特质。

"各部分工作"

许多内在小孩状态已经被识别出来，最常见的包括自然的小孩（见前文）、脆弱的小孩、受伤的小孩、被忽视/遗弃的小孩和愤怒的小孩。当然我们也有不同的"成年人"部分——比如养育者这样重要的部分。

有了对这些层面的认识，谈论"各部分工作"就顺理成章了。这是人们思考自身的常见方式，这些语言也被许多治疗师所采用。

通常，开始探索这些部分，要做的只是允许自己用这种方式思考，愿意抛开怀疑和恐惧，并开始关注自身。通过关注自己的感受、

● 第三部分 治愈养育的创伤

行为模式、内在评论和身体语言，就可以开始看到塑造自身体验的各部分自我。这些部分都有自己的需求、动机、信念、记忆和独特之处。

有些人一想到这些与众不同、看似独立的部分在自己内心起作用，像具有不同的人格一样，就会感到不安。他们会想到所谓的多重人格障碍（现在被称为分离性身份识别障碍或 DID），并感到害怕。区别在于，患有 DID 的人各部分和意识是完全分离的，不容易相互联系并共存。这样，人就"失去了时间"，会惊讶地发现一些证据，表明自己做过自己完全不知道的事。从一部分切换到另一部分是无意识的行为，而这些部分通常是由创伤引起的。当 DID 患者和这些部分一起工作时，它们可以更了解彼此，更能协作，这正是大多数"各部分工作"治疗的目标，适用于所有人群。

一些较新的疗法强调，在我们所有人身上，这些交替出现的自我"像真人一样"，有自己的风格和能量指纹。我们似乎越来越能理解和接受系统（包括人）中的自然的多样性。如果你衣橱里没有奇怪的衣服，人们也不会过来用不同的名字称呼你，多样性就不会影响你的生活。

谁没有一个噘嘴的孩子、一个恼怒的评论家？有这些部分是可以的，但最好能了解它们，"在行动中发现自己"，并选择我们想要活跃的部分。

我发现，给这些部分命名并把它们和某种形象联系起来会很有帮助。需要时，你可以使用艺术材料，包括自己的照片；可以使用各种各样的物品（比如一个毛绒动物玩具）。通常你会从一个特定的表征开始，它和意象一样，是某一时刻的快照，会发生变化。你可能有多个表征，它们以各种创造性的方式相结合并发展。以下是我在为玛丽亚提供治愈工作时的故事。

玛丽亚的故事：从石头孩子到甜美的孩子

当玛丽亚意识到情感缺席的母亲留下的空洞时，她认真地开始了"各部分工作"。她在家庭中遭受过身体虐待，在接受治疗时，如果被鼓励接触一个内在小孩，她唯一能找到的是个"鬼孩子"，看起来很脆弱、没有实体。玛丽亚几乎没有快乐的童年记忆，以便用来寻找有适应力的小孩部分。不过，她同意为将来的"各部分工作"购买一些艺术材料。

艺术用品一到手，玛丽亚就惊讶地听到一种强烈的内在声音要求她表达出来。她用红纸、闪光纸和从包装纸上剪下来的图画，制作了一个孩子的形象，名叫草莓。玛丽亚认出草莓是一个有适应力的孩子，诞生于我们多年的共同工作中，对我（她的心理治疗师）有着安全的依恋。草莓充满了勇气、天赋的智慧和慈爱。很多人会说草莓是自然之子；玛丽亚则认为她是自己本可以成为的孩子——如果她受到滋养，得以成长的话。草莓成了安慰、指导玛丽亚和各个受伤小孩部分的源泉。

这些受伤的部分包括"被遗弃的婴儿"（她心里有一个红

● 第三部分 治愈养育的创伤

色的、渗出液体的洞）；"石头孩子"，代表震惊的状态；"神圣的愤怒"，代表和虐待有关的愤怒。玛丽亚还表征出一个她称为"甜美、纯真"的部分，并和它进行了对话，这代表了她没有受到伤害的天性。

经过一段时间在家里和在治疗中的工作，"石头孩子"消解了，"神圣的愤怒"也渐渐远去，从舞台上消失了。之前，"神圣的愤怒"曾要求其他所有部分承认自己。

"被遗弃的婴儿"的形象也在不断变化，变得更加明亮和复杂。玛丽亚找到一张自己的旧照片，用它来代表"最初受伤的小孩"。她把照片贴在一个小盒子上，并把剩下的受伤小孩部分的表征放在里面。

现在这个合成的受伤小孩有三个主要资源：她的成人自我——正在学习成为更具滋养功能的内在父母形象、我（她的治疗师），还有草莓。有了这三个人的爱，受伤的小孩变得越来越明亮、快乐。

后来，玛丽亚把受伤的小孩（现在用她的真名称呼）和草莓组合在一起，这表明她们之间的界限变得更浅。她还对成人自我（也在随着时间演变）和核心精神自我（她称之为"古老的自我"）做了工作。

正如常发生的那样，玛丽亚"各部分工作"随着各部分变得更加整合而淡出到幕后。随着玛丽亚解除防御，她的成熟自我越来越多呈现出"甜美、纯真"的特质。我在治疗中的镜映、草莓，还有她在内心和外部世界适当保护自己的能力，共同支持了这一点。我们可以说，玛丽亚从石头孩子变成了甜美的孩子，变成了更有爱心的成年人。"各部分工作"并不是玛丽亚痊愈的唯一因素，却是一个重要因素。

礼物和负担

分离的部分往往会带来心理负担，就好像它们拿走了有毒的情绪材料，并成为其唯一载体，因此实质上容纳了它，使得系统的其余部分不需要处理它。当这些部分可以通过分享自己所承载的东西并处理相关感受来减轻负担时，它们就会改变，变得更轻盈、更自由、更快乐。

各部分以迷人的方式进化。随着时间的推移，它们可以从感觉像休眠或非人类的实体，转变成个体化的自我。当这些部分未被满足的需求得到关注，隐藏的情感得到承认时，就可以放下它们了。之后，这些部分的角色和本质特征就会发生变化。

我们在最深层的工作中，会触及超出个人历史范畴的东西，它既是一个人最深层的本质，又超越了这种本质，即我在索菲娅的故事中描述的超个人状态。也可以认为它是原型能量，是荣格所说的"自然之子"或"神圣之子"的一部分。一些传统称之为"真我"。

这些更本质的能量都倾向于向深处扎根。

这些是天赐的礼物。说它们是受伤的部分进化而来的或从更深的纬度中来的,都不重要。重要的是得到这些礼物,让它们永远成为我们的一部分。

当内在小孩的治愈工作变得复杂

"内部家庭系统"和"语音对话"是两种围绕部分工作的著名疗法。"发展需求满足策略"是在针对部分工作中治疗发育创伤(早期生活缺陷)的有效方法。它使用特定方案来识别和治愈未被满足的发展需求,并用具有滋养功能的成人自我、有保护功能的成人自我和精神核心自我作为重要资源。你可能会发现,具有滋养功能的成人和有保护功能的成人,正是我所说的好妈妈的面貌。年轻的部分总是需要父母视角的部分的照顾。精神核心自我则是上述超个人自我的一个版本。

许多治疗师,包括我自己,都认为"各部分工作"是有价值的,但并不会使用一种固定的框架。我在缺失母爱的成年人的治疗中,绝大多数都包含了对小孩部分的治疗。这通常是治疗的一个重要方面。

虽然内在小孩的工作可以以相当简单的形式呈现,但它绝不简单。我发现,一起工作时间最长的来访者,就是那些大部分时间活在小孩状态的人,或是那些内部各个系统非常复杂、相互间交流很少、冲突却很多的人。让我们看看这两类。

船上没有足够的成年人

孩子不适合在成人的世界中遨游，他们还没准备好。那些大部分时间都处于小孩状态的成年人感受到的和不安全的孩子一样：他们常常害怕惹麻烦，感到不自信、孤独、不被爱（很多时候不招人喜欢），害怕被拒绝，经常情绪失调，而且深感未被赋权。有些人会发现自己总是冲动行事，因为在"童年时期"，一切都需要即刻发生，否则就不会发生。一些生活在成年人身体里的内在小孩陷在自我安抚中——无论是用食物或毒品，还是通过任性行事。他们经常抗拒自我约束。用弗洛伊德的话说，它们都是本我：想要什么就要什么，想什么时候要就什么时候要。

用心理动力学的话来说，活得像孩子的成年人，其自我缺少发展。在我使用的框架中，意思就是"船上没有足够的成年人"。他们需要学会延迟满足；停止"用感受来思考"，变得更加客观；学会冒险，知道自己可以承受失望；并为自己的幸福承担更多责任。通常，他们如果结婚了，就会让配偶扮演父母的角色，并对配偶生气，就像孩子对父母生气一样。

有些人可能根本没有这些成人的技能，有趣的是，还有些人，即便没有这些技能，也可以胜任生活的某些方面。我想到一个男人，他在工作和养育子女方面做得很好，在人际关系上却无法冒险，因为内在小孩会接管这一切，他会被"自己不值得、不可爱和不够好"的感觉淹没。

一个人如果至少有一部分成年人的能力，就可以借此来帮助那些没发展好的部分。我喜欢心理治疗师兼作家闵戴尔的说法："前沿"和"后沿"。正如我们在针对部分的工作中看到的，人并不是一个整体。那些更有能力的功能是前沿，最幼小的部分则是后沿。正是这种后沿，让人在生活中难以前行。

发展"有滋养功能的父母"的声音——一种鼓励、支持和关怀的声音——能帮助这些年幼的部分感受到被支持，从而减轻依赖感。这种声音有助于停止那使他们冻结、无法行动的恐惧反应。有了支持和"接纳"的关键技能，孩子就能继续发展，而练习父母的角色也会让成年人更强大。

混乱的系统

理查德·施瓦兹的"内部家庭系统"和治疗 DID 患者的工作显示，个体的心理会变得异常复杂。我们已经远远超越了埃里克·伯恩近五十年前在交互分析中发现的简单的儿童—成人—父母关系图。现在我们已经知道，在不同分化层面的"部分"可能有一百多个。一个混乱的系统就像座疯人院，每个人都在尖叫，试图同时发言。

与高度混乱的系统工作，是进展缓慢且富有挑战性的。一条新的信息，只让那个更突出、更有意识的部分学会是不够的，还需要让其他不在线的部分一遍一遍地学习。举个例子，我和一位女士一起工作时，她的母亲一年前去世了，我们却不断遇到因她母亲去世而令人震惊不已的那些部分。

再加上一些复杂的保护性部分，这些部分认为有些事情需要隐藏起来，同时又控制着交流通道——你就能理解为什么系统的很多部分都处在黑暗中了。这样的系统被描述为分离的，因为部分之间没有联结。分离就是系统中某处联结断开的状态：无论是与环境、身体、情感，还是像这个例子一样——部分之间断开了联结。

现在的困境来自当时的困境

我发现，大多数时候，一个人处于真正的崩溃状态，总是可以追溯到从前的痛苦经历。这种看法一点不新鲜。很多人会说它激活了相同的神经通路，或者链接到了过去的体验。从另一种略有不同的角度来看，它表明这些事件是由一个共同的载体联系在一起的——早先承载这些体验的部分，现在正以某种形式重新体验它。

一个人的某部分对自己选的伴侣不满意，这种情况我已经见过多次了。也许大多数情况下，这个人对伴侣是满意的，但有时带着过去情绪的旧观点会忽然爆发，比如缺乏安全感、想要逃离。识别不安的那个部分，并把它从过去带入当下，这部分就能适应新的现实，不再回到那些痛苦的感受和恐惧中。在特定的时期，有些部分会倾向于冻结。一个人现在总是比更年轻的时候更有能力，这就是把过去的部分带到现在，可以帮助人们将新的信息和能力纳入考量，从而有更多资源做出反应的原因。

另一个情况是反应过度，比如一个成年人把孤独当作压倒一切的威胁。我遇到过害怕独处的成年人，大多数时候，这种恐惧来自孩子的部分。那个孩子独自一人时可能经历过创伤，随之而来的危险感成了对独处的条件反射。问题出在独处带来的恐惧和联想上，而不是他人的缺席。害怕孤独的小孩部分也许需要从早期的情境中被解救出来，也许现在需要得到安抚，如果内在已经发展出了有滋养功能的父母的声音，你就能做到。这个有滋养功能的父母可以提醒孩子，现在已经没有危险了。

为母亲解锁

最困难、最有害的动力之一是，某个小孩部分完全拒绝放开母亲。这个孩子觉得"但她应该在这里为我守候！"，不管母亲失败了多少次，都不愿放过她。这个孩子认为，"如果我叫得更响、时间更长，她一定会来"。

不幸的是，这种方法行不通。母亲通常不能用成年子女内在小孩希望的方式来回应他们的要求——而这会让双方都处于挫败和冲突状态。

这里有一个三管齐下的解决方案：

- 帮助成年人的部分看到这些要求来自孩子的部分，现在不一定合适，也不太可能得到满足。
- 直面孩子的挫败、愤怒，以及绝望和无助。我们想要的永远不会发生，接受这一点需要处理悲伤情绪。
- 帮助这个孩子认识他现在栖居其中的成年人。如果有滋养功能的部分还没有发展出来，就需要发展它。通常它已经存在了（比如这个人可能已经是现实生活中滋养孩子的父母），但并没有和内在小孩这部分联结。内在小孩这部分可能需要一段时间来信任这个成年人，创造出所谓的内部安全依恋。本质上，我们是让内在小孩的手从过去的母亲那里松开，让他对我们在内心培养的、更积极响应的母亲产生依恋。

上面的第一步，也可能包括帮成年人对母亲形成更客观的看法（这需要更成熟的心智）。当我们看到是什么影响了母亲，她能做什么、不能做什么，我们就可以不再把她的情感忽视或虐待归咎于自己，把我们的需求放在能得到满足的地方。

索菲娅的故事：和失落的自我重聚

找到我之前，索菲娅已经试过很多种心理治疗。我们的工作涉及许多方法，各部分的工作只是其中之一。我们还使用了许多经典技巧：检查信念、处理感受、识别资源、视觉化、角色扮演、提出新的应对策略、破译早期生活脚本、重议过往创伤。

第三部分 治愈养育的创伤

和我所见的那些在治疗中进步最大的来访者一样,索菲娅在治疗间隔进行了大量的情绪处理,表现出了非凡的投入。经她同意,我分享她的故事中一个非常简短的片段,因为它和各部分的工作有关,可以让你进一步了解这项工作的深度和广度。

开始时,索菲娅对和内在小孩部分工作很激动。她对各部分的体验非常清晰。她所描述的部分之间的互动,听起来和外部互动没什么区别,只是发生在内部。

我们首先工作的部分,是子宫里的一个胎儿,它并不看她。要知道,索菲娅在母亲的子宫里时,由于并发症可能导致出生缺陷,医生建议她的父母做流产手术。因此不奇怪,她早年曾受一种不想活下去的感觉困扰。接下来,我们就对有这种感觉的部分进行工作。

索菲娅在房间一角放了张婴儿床,待在那里,对着我们要迎接的那部分说话、唱歌。由于她已经有过跟这部分感受融合的体验,我提醒她这一点,如果她要开始融入,可以问问这个未诞生的部分,能否"不把你和她的感受捆绑在一起"。

在这种友好的环境中,几周内,未诞生的部分诞生了,尽管最初看起来不完全是个人类。她更像一幅漫画、一个黑色的轮廓。索菲娅能感觉到她的反应,她带着许多恐惧、愤怒和被迫害感。我建议她慢慢来，给每次调整留出时间。

几个月后，这个不怎么像人的东西长成了一个七八岁的孩子，她没有名字，但我们叫她"无家可归的部分"。索菲娅告诉我，这个孩子的部分背对着自己坐着，但喜欢靠在她身上，让索菲娅和它说话。它坐在床边，索菲娅则抱着另外两个内在小孩部分。她想把缺失的爱都给它们，并为它们创造一个安全的成长环境。随着时间的推移，这些部分都在继续进化，在这个慈爱的拥抱环境中，它们卸下自己的负担，变得更轻松、更快乐。

治愈工作继续着，在眼下的问题和童年早期之间来回摆荡，处理她的家庭角色以及她的翅膀如何被这一角色剪断。索菲娅非常清晰地记得，六岁前后，她做了一个"决定"（在内心层面）——要放弃自己。她本来是个非常活跃、精力充沛的孩子，但她觉得自己不仅要照顾兄弟姐妹，还要照顾母亲。从那以后，她的身体变得虚弱多了，失去了大部分生命能量，而且容易晕倒。

在内心世界和外部世界以一种奇妙的方式交织的过程中，索菲娅在试图帮助母亲的过程中经历了一些可怕的痛苦体验。似乎是这种痛苦的经历，促使她放弃了照顾母亲和兄弟姐妹的约定。

这样做时，最奇妙的事发生了：她和放弃自己之前的童年天性重新建立了联结。她感到了极大的自由和幸福（就像许多小孩那样），但她体验到的又不仅是孩子的想法和感受。那是一种超个人的状态（超出我们作为个人的体验）：她感到没有束缚，不受限于身体，没有问题和需求，满足，内心广阔而平静。她感到的幸福是无条件的幸福，不依赖任何东西。我观察着这种状态是否会转瞬即逝，但它没有。作为状态，它会出现，会消失，但她学会了如何回到这种状态。

我很清楚，这种扩展并不是一种分离状态。索菲娅仍然可以感觉到她的身体和她目前的困难，但这就像前景和背景发生了变化，所以即便在困难的时候，她仍然活在这一更广阔的空间里。

这是我们最深层的治疗可以抵达的地方，而不仅仅是"沉迷"于过去——就像心理治疗常被批评的那样。它可以超越过去，超越有条件的自我，甚至超越此时此地作为人的限制，得到一种更大的自由，这种自由安住在许多人所说的"存在"上。

索菲娅强调，这种自由来自克服痛苦，而不是绕过痛苦。在工作的早期，我们引进过一些资源。她学会了表达自己的痛苦，而不是把它推开。这是种湿漉漉的活儿，像有些人爱说的那样，都是"鼻涕和眼泪"。随着索菲娅层层剥开她的过去，更多能量被释放，于是她得到了更多的扩展和平静。仿

> 佛她这么多年一直生活在一个局促的盒子里，现在她终于找到方法挣脱出来了。
>
> 　　正如在深度工作中常发生的那样，我们不会从黑暗中盘旋上升，永不回头，而是继续潜入新的痛苦，并常常在这个过程中发现新的部分。索菲娅最近告诉我，她很高兴这些部分"有人可以依靠"。这是每个孩子以及我们心里每个部分都需要的。那些小时候没人可以依靠的人，往往仍然需要依靠一个健康的成年人。索菲娅的故事告诉我们，这个健康的成年人就在我们心里。

成为自己最好的母亲

　　著名的荣格分析家、作家马里恩·伍德曼说："生命中不被爱的孩子，不懂得如何爱自己。作为成年人，他们必须学会滋养，养育自己心里迷失的孩子。"[2]

　　这种学习是分阶段进行的。我们的天性中有这样的潜质。就像一个女人不会自动知道怎样养育后代，但她的本能、她的心可以被唤醒；同样，我们也有能力和内心的孩子建立联结，并积极地"养育"他们。

　　开始可能会尴尬，会遭遇各种各样的障碍。除了当我们步步深

● 第三部分 治愈养育的创伤

入内在母职时出现的障碍，还可能在开始前就被一种贬低的声音阻止（最有可能来自挑剔的父母或监护人），说："这太可笑了。"它的策略是否认这种需要。"你在小题大做。""没那么糟糕，振作起来。"在这里，意识到各部分的存在就成了一种优势。只有当我们认识到这是一个部分（一个提出议题的部分）在表达，我们才能选择抛开这些想法，按自己的意愿前进。

接下来可能遇到的障碍是一种无法胜任的感觉。如果你没有得到良好的养育，很容易会觉得不知道该怎么做：浑身不适，手足无措，也不知道该说什么。尝试去做不是自然发生的事情，让你觉得虚伪。这足以让你停在原地。

如果你和内心缺乏母爱的部分建立了真正的联结，可能会因为自己没有早点出现，从而无意中延续了遗弃的过程，而感到内疚。没人喜欢因伤害别人而感到的剧痛。

正如我前面说的，母亲可能会无意识地和孩子保持距离，以免唤起自己的伤痛。同样，你可能会觉得，为了和内在小孩部分重新联结而打开内心被锁住的痛苦，代价太高了。

除了痛苦，我们还会担心被占据。把自我的一部分推入无意识以后，我们往往会担心，如果对它敞开心扉，它就会压倒一切。（压抑的愤怒、悲伤、性欲等都是如此。）同样，我们可能会担心内在小孩的需求超出我们应对的能力，会湮没、占据我们。

在某种程度上，你仍然无意识地认同了这个缺失母爱的孩子（往往已经很长时间了），你不会觉得自己有很多资源，可以慷慨给予，而是觉得自己枯竭、匮乏。你可能会想："我都不够滋养自己，又怎么去滋养别人呢？"我已经识别出了成为自己最好的母亲可能遇到的障碍。

● **你在自己身上看到了什么？**

☐ 会干扰你承担滋养职能的贬损、贬低的信息

☐ 感觉不知道怎样承担母职

☐ 为没有早点出现而感到内疚

☐ 自我保护，不想感受到自己的伤痛

☐ 对一切被压抑事物的恐惧

☐ 觉得自己没有足够的可以给予

● **什么能帮助你解决这些问题？**

成为自己最好的母亲，最重要的一步是超越你的不足、恐惧和防御，让心变得柔软。敞开的心就有能力去爱。

你的内在小孩会帮你。孩子就像一个"爱的银行"：你存入的越多，得到的回报就越多。孩子天生就充满爱，所以，如果向内心不被爱的孩子给出爱的涓涓细流，他就会回报你的爱。开始，你可能会遇到些波折，内在小孩最初常会表现出不信任。就像多次被母亲伤害、遗弃的孩子不会张开双臂拥抱她一样，内在小孩也会有类似的反应。如果是这样，请坚持努力，尽你所能向这个孩子伸出手，要知道建立信任需要时间。

随着你越来越能滋养自己，内心可能会被激发出一些类似早年环境中的反应。例如，如果你父亲不能容忍任何人被"娇惯"或温

第三部分 治愈养育的创伤

柔对待,那么当你开始真正关怀、温柔地对待自己时,可能会听到一些内心的自言自语,像听到爸爸说话一样感觉糟糕。如果内心的感受和反应不是真的属于你自己,你就需要留意和识别,学会站在内心慢慢发展出的好妈妈一边。

许多缺失母爱又选择生下孩子成为母亲的女性,都在和这些内在力量做斗争,并在灵魂深处许下承诺,不会像母亲抛弃自己那样抛弃自己的孩子。她们竭尽全力学习如何成为好妈妈,寻找榜样、阅读书籍、寻求帮助。她们不指望能自动知道怎么做。

同样,在重新养育自己的过程中,我们可以承诺以最初可能感觉不自然的方式来发展。可以寻找榜样、看书、寻求帮助,也可以调用内心已经存在、以前从未用过的能力。许多缺失母爱的人反而承担起滋养和照顾别人的工作,比如照顾兄弟姐妹或配偶。在帮助来访者内在发展出一个有滋养功能的父母时,有一种方法叫作"发展需求满足策略",让来访者回忆起他们曾滋养别人的时刻,以此为基础,在内心创造出有滋养功能的父母。你可以自己试试看。

- 请回忆起一个滋养、保护别人或真正参与照顾别人的时刻,把那一刻的感觉带到全身各处,加强它。你可能已经抑制了自己的自然倾向,现在要给它们一个额外刺激。感觉自己是一个有滋养功能的成年人,可以养育内在那个缺失母爱的孩子。你体内有什么感觉?记住进入滋养角色的你的样子,这样你以后就有一幅图像可以召唤了。

学习如何和"孩子"相处,一开始可能需要努力,但它会成为生活中更自动、更不可缺少的部分。要意识到最初带入的情绪能量，你不会想在这里重复心怀怨恨的母亲的语气。你的孩子是快乐之源，而不是负担。

幸运的是，成为内在小孩的好妈妈本身就是一种强化。一位女士说，这增强了她的自尊心。得到体贴、关爱的感觉很好，一旦建立了良好的关系，孩子就会回报很多爱。

为"孩子"创造安全的处所

治愈，开始于找回我们失去联结的部分，在这本书的语境中，是指小孩部分。许多这些部分是分裂和分离的，因为联结对它们来说不安全。这些脆弱的小孩部分需要知道，现在和以前不同了，跟你在一起是安全的。

从事自我催眠（即深度放松和接纳的状态）工作的南希·纳皮尔，在她的《重塑自我》一书中写道："这个过程的一个重要组成部分，是把孩子带到当下。"在没有时间感的无意识中，孩子持续体验着最初的童年环境，仿佛那就是当下。当现在的情形和不良的环境联系在一起时，孩子不会意识到，现在他是和你一起生活在另一个地方。[3]

你必须对安全格外留意，才能让孩子停留在当下。在小孩状态和慈爱的内在父母之间建立一种牢固、滋养的关系，可以让孩子摆脱过去的束缚，拥有幸福的家庭生活。如果我们带着尊重和同情倾听小孩部分，并提供他们表达自己的途径（比如通过艺术或对话），就能做到这一点。

你可以留出一段时间和你的内在小孩状态对话，谈谈怎样才能让他们感到安全。

共处的时光

一旦把"孩子"从创伤性的过往中带出来（可能需要治疗师的帮助），你就可以创造一个对孩子更友好的环境。

这样的环境包括：只是和他说说话，或者简单放松地待在一起，做你知道的他喜欢做的事。如果内在小孩喜欢待在户外，就花点时间待在户外。骑马、滑旱冰或许也能滋养他。进行这些活动时，我们有时会和内在小孩融为一体，更多时候则会感觉到成人自我在场。成人部分在场是很好的，有助于提供监督、建立关系，重新养育自己。

另一种有效的方法是在想象中满足内在小孩的需求。一位女士每天都花时间和三个内在小孩部分待在一起，像照料那个年龄的孩子一样照料她们。她给小婴儿部分洗澡、抱着她，带着十几岁的小孩部分去购物。可以看到，每个内在小孩都经历了正常的发育阶段，就像在一个稳定、充满爱的家庭里会发生的那样。在她那个"好妈妈"的关怀下，她们正在康复。

现在，你可以通过关爱内在小孩，来治愈童年遭受的忽视了。

处理"好妈妈传达的信息"

在第 1 章中，我列出了 10 条好妈妈传达的信息，下面再复述一次。这些可以帮你成为对任何内在小孩都充满爱心的母亲。我鼓励你找到一些方法，帮助自己感受到"小孩"的存在（用洋娃娃、照片或表征），并把这些话大声说出来。留意有没有哪句话更能唤起小孩部分的情绪，而哪句话你最难说出口，这些都是你可以多关注的。

通常，遇到新事物时，我们需要慢慢进入，面对不熟悉的积极状态时也是如此。我们需要习惯它们，给它们机会融入我们并被吸收，所以请给这个练习足够的时间和空间。通过充分感受积极的体验，你实质上是把它"安装"到了你的资源库里。倾听你的身体，看看它对每条信息的反应。如果在放松的状态下进行，你的接受力会更强，你更能注意到自己的反应。

- 我很高兴你在这里。
- 我看见你了。
- 你对我来说很特别。
- 我尊重你。
- 我爱你。
- 你的需求对我很重要。你可以向我求助。
- 我在这里守候你。我会为你腾出时间。

- 我会保证你的安全。
- 你可以在我身上休息。
- 我以你为乐。

不必止于此。你也可以创造自己的好妈妈信息。如果和特定的内在小孩一起做这件事,针对性会更强。问问这些小孩部分,他们想听到什么。

另一个练习,是以孩子的语气,创造出让人安心的表述,比如:

- 妈妈喜欢给予我、帮助我。
- 妈妈一直在那里,我需要什么随时可以找她。
- 妈妈真为我感到骄傲。
- 妈妈真的很喜欢我!

请不要把这些视为一次性体验。你对它们的体验越频繁、越深入,它们就越能在你内心扎根,成为新的地基的一部分。

> **给内在小孩的一封信（小练习）**
>
> 留出一些不受打扰的时间，营造出舒缓的氛围，来做一些内在的工作（比如找到合适的背景音乐，点上蜡烛，关掉手机，或者去一个特别的地方）。先做一个简短、聚焦的冥想，然后给你的内在小孩（如果只有一个）写一封信，或者给某个特定的内在小孩或特定年龄的小孩状态写信。可以从正常成人的角度写；如果你可以联结到内在的有滋养功能的父母，也可以从他/她的角度写。告诉这个孩子你对他的经历有何感受。如果你感觉得体、诚恳，也可以写一些好妈妈的信息。

治愈不被爱的孩子

对大多数缺失母爱的人来说，重新养育的主要焦点是治愈这个不被爱的孩子。虽然还有其他的需求，比如引导、鼓励、保护、锚定——提供这些有助于治愈不被爱的孩子，但最迫切、最重要的是提供温暖、关爱的联结。这个孩子，像每个孩子一样，需要被爱。

一个内在小孩告诉我，她只需要被抱着，随时随刻，没有时间限制。她需要好妈妈的"包裹"。有些婴儿状态非常脆弱、娇嫩，要提供十分温柔的拥抱，才能发展、成熟。

在表达对内在小孩的滋养时，有一个能和身体接触的外在代表

●第三部分 治愈养育的创伤

物会有帮助。你可以用洋娃娃或毛绒动物玩具来代表年幼的自我。柔软的物体最适合抱和摸,还会吸收你的眼泪。有时,人们会抱着一个娃娃睡觉,或把它放在舒适的婴儿床上。大多数人至少会抱着这样一个代表物,或和它说话。

有时,人们会先遇到一个三到六岁的内在小孩,之后的某一刻,会出现一个婴儿。和婴儿部分一起工作,往往会带来最痛苦的感受。尽管你可能会在年龄方面倒退,但处理这些原初创伤标志着你有力量。

改变你的心智

向你的内在小孩传递好妈妈的信息、从别人那里接收好妈妈的信息以及在内心培养好妈妈,不仅能满足你内在小孩的需求,也能切实改变你的心智。它能改变你的人格结构、你对自己和世界的信念。

随着时间的推移,你培养出的好妈妈的声音可以取代挑剔的父母的声音——这种声音正是大多数人心智中的主要滤镜。如果你受困于挑剔的父母,就会以那种方式(至少在心里)对待别人。你会不耐烦,喜欢评判,无法敞开心扉。当然,你也会用这种方式对待自己——你可能知道那是什么感觉。透过一个爱的滤镜而不是一个带着偏见的滤镜看世界,不是更好吗?

这种修复工作费时但值得。改变心智的内在氛围,是最庞大的重塑工作。

心理治疗：
母亲的议题和母职的需求

谈话治疗开创以来，心理治疗师一直在倾听来访者关于母亲的烦恼。自那之后，我们在治疗方法的扩展方面取得了长足的进步，但母亲的议题仍然在咨询室里占据突出地位。

多数类型的治疗都有有用的方法，无论是像艺术疗法、运动疗法这样的表达性治疗，把身体作为信息和学习来源的躯体疗法，还是像 EMDR（眼动脱敏和再处理）、大脑定位这样的协议驱动的疗法。如上一章所述，各部分工作疗法（有时也被称为自我状态疗法）同样重要。

其他相关疗法包括针对出生创伤和出生前体验的工作，以依恋为导向的伴侣治疗（任何安全依恋都有助于弥补其中一些缺陷），以及治疗师有意充当依恋对象并试图满足早期需求的疗法（参见

● 第三部分 治愈养育的创伤

"重新养育")。

这些选项并不是唯一的,比如,你可能正在治疗师的协助下发展内在母亲,同时也把治疗师体验为一个好妈妈的形象。要记住,虽然本章更多是在讨论早期依恋创伤,但我们在治疗中处理的问题和未被满足的发展需求,都远远超出了生命最初几年的内容。

一般来说,不能指望短程治疗和认知行为治疗对处理早期童年创伤有太多帮助。这些疗法可能会影响大脑的新皮层,也就是思维脑,但不会影响到情绪脑。多数情况下,情绪脑需要卸载创伤,放下防御,而这最容易发生在随时间发展出的安全、有滋养功能的关系中。根据《爱的基本理论》作者——精神病学家托马斯·刘易斯、法里·阿米尼和理查德·兰农——的说法,让情绪脑(边缘脑)改变的是和治疗师进入边缘共振状态、得到治疗师情绪脑的调节,就像最初婴儿的大脑得到母亲的调节一样。这通常需要几年时间,重设情绪脑没有捷径可走。

对于触摸来访者以及治疗师应在多大程度上直接满足来访者需求这样的问题,数百种心理疗法之间存在着激烈的分歧。尽管我也会给出一些非主流的例子,但我的大部分看法都属于主流认知。

在这里介绍一些术语也许会有所帮助。"心理动力学"经常是指那些深入探究行为的童年根源的疗法,当治疗聚焦于咨访关系的修复效果时,有时会使用"关系疗法"和"基于依恋的心理治疗"这两个词。这些都和"依恋疗法"截然不同,依恋疗法是一种有争议的治疗方法,主要针对那些对新的照顾者没有形成依恋的领养儿童。

接下来的讨论，涉及针对早期依恋的长程深度治疗。

和好妈妈的相通之处

治疗和母子关系相似，它的存在是为了满足来访者的需求，而不是治疗师的需求，正像母亲的存在是为了满足孩子的需求，而不是相反。治疗师像好妈妈一样，以同调的方式照顾你，给你空间自由表达，关注你的内在体验，帮你解决困难。一些研究型的临床工作者甚至认为，正如母亲充当了婴儿神经系统的一部分（虽然是在身体外面），是孩子成长的平台，治疗师也为来访者提供了类似的功能，通过在治疗过程中进入来访者的状态，来提供新的意识和新的关系模式[1]（想想边缘共振）。

精神病学家兼儿科医生唐纳德·温尼科特提到，治疗师提供了一个拥抱的环境，就像母亲为婴儿提供的一样。他认为，治疗师需要像母亲对待婴儿一样耐心、宽容、可靠，应当视来访者的意愿为需求，而且为了变得易得，必须把其他兴趣放在一边。[2]正如好妈妈一开始必须全力照顾婴儿的需求，而随着时间的推移，可以允许自然出现的挫折（尽管是以一种校准的方式），同样，治疗师可以在来访者变得更独立时稍微后退一点。

治疗师和好妈妈的另一个相通之处是，在关系中同调的治疗师保持双管齐下的意识，帮助来访者处理特定问题的同时，总是关注

● 第三部分 治愈养育的创伤

着他们之间发生的事。虽然所有疗法都会和来访者的感受同调,但并不是所有疗法都关注关系的共舞,尤其当这种共舞和依恋问题有关的时候。大多数着力于解决具体问题的行为疗法、认知疗法和短程疗法,通常不会关注这个更深的层面。

对母亲是本书所述类型的那些来访者而言,不关注依恋相关问题的治疗师,就像对孩子的关系需求毫无头绪的母亲。情感缺席的母亲只能注意到眼前的任务,而那些压力很大的母亲也许只能闭着眼睛做事。她或许一定程度上能回应外在需求,但却无法回应内在的感受和需求。情感在场的治疗师必须对这两部分都同调。

在关系上同调的治疗师,和在关系上"目盲"的母亲不同,他／她知道自己是来访者稳定感的重要来源。对那些缺失母爱的人来说,这正是他们缺少的。他们没有一个可以信赖、稳定存在的人,而这正是安全感的基础。治疗师如果愿意,可以成为这种稳定感的源泉,帮来访者填补早期环境和心理缺失带来的空洞。

缺失母爱的孩子成年后常有一种强烈的需求,希望感受到治疗师提供照顾,不仅仅因为这是他／她的工作(就像妈妈),而且这种照顾还是私人化的。许多缺失母爱的成年人不觉得母亲真正懂自己,因而不会觉得母亲喜欢自己。他们可能觉得母亲多多少少尽职地爱着自己(表面上),但如果没有觉得真实的自己被看见,就不会觉得自己真正被爱(或被喜欢)。这样的来访者要真正感受到治疗师喜欢自己,必须知道自己的潜力和痛苦被看见了。

所有这些都需要治疗师的技巧。治疗师要表现出自己真的在乎,同时必须保持一定的界限,让关系保持清晰、专业,而不会陷入治疗师的需求。

以依恋为导向的治疗工作中一些特殊的问题

在以依恋为导向的治疗中,治疗师扮演一个新的依恋对象,提供形成依恋联结的机会,处理早年关系中一些未解决的问题。这项工作非常深入,需要治疗师具备一些特殊技能。

首先要明白,有依恋创伤的来访者往往不知道是什么在影响自己。因为婴儿的很多体验都是前语言的,不会像外显记忆那样被编码和储存,没法描述,甚至没法意识到。这些无意识模式,更多是被来访者在治疗和生活中呈现出来的。

有技巧的治疗师会观察重复的模式和反应,阅读来访者的肢体语言,并密切关注自己的感受,据此理解来访者在发生什么,以及咨访之间在发生什么。正如心理治疗师兼作家戴维·沃林在《心理治疗中的依恋》一书中写的那样:"对我们不能用言语表达的,我们倾向于和他人一起活现出来,在他人身上唤起,以及去实践。"[3] 他解释说,依恋关系的品质很大程度上取决于构成这种关系的非言语互动。[4] 眼神交流、面部表情、靠近或远离,都是母婴之间、恋人之间、治疗师和来访者之间优美共舞的一部分。

由于有时会发生退行(来访者会回到非常早期的状态),关系中可能会存在融合的感受,而这些感受会模糊正常的边界。治疗师

● 第三部分 治愈养育的创伤

不能助长依赖，使之超出治疗所需，不能利用身体接触等，来满足自己的情感、权力、联结等需求——在这些方面，治疗师必须无懈可击。你可以想象，一个需要被人需要、与来访者相互依赖的治疗师，可能会陷入困境，给来访者造成伤害，而不是带来治愈。

大多数密集的治疗，会出现对治疗师的理想化，会有一段时间，来访者是透过玫瑰色的眼镜、透过包含着爱和对爱的需要的眼睛看治疗师。由于需要这种爱来弥补童年缺失的东西，我们填补了治疗师身上可能缺失的东西，把他们想得更美好。我们看到的不是他们本来的样子，而是我们需要他们成为的样子。

这种理想化在一段时间内是有利的，可以帮助我们对治疗师产生依恋，就像孩子对父母的理想化有助于他们依恋父母一样。有些人断定，所有的孩子都会出于某种必要而把父母理想化，我对此并不那么确信。一位女士告诉我，她对母亲最早的印象是"能力非常有限的人"。三岁时，她就觉得自己比妈妈聪明。三岁孩子自然不会比母亲拥有更多的生活常识，但这种体验具有惊人的预见性。这位女士长大后成了医生，而她母亲是一个非常不成熟的女人。

尽管所有的治疗形式都会让来访者处于某种脆弱状态，但处理最早期被抛弃的创伤并允许治疗关系中产生需要和依赖的感受，的确会加重这种脆弱感。来访者需要极大的信任来忍受和表达这些感受，而治疗师必须知道如何带着尊重和技巧来处理。

正如你所看到的，处理早年的依恋问题是精细活儿，显然不是所有治疗师或治疗形式都适合。在我所描述的以依恋为导向的工作中，这种关系成为治疗的工具。在其他疗法中，关系必须牢固到足以拥抱其他元素，而各种干预手段才被认为是具体的治疗工具。

治疗中的身体接触

大多数治疗师接受的专业训练都要求他们限制或避免和来访者发生身体接触。心理动力学治疗证明触摸也是一种需要，但把这种需求带到关系中，而不是帮来访者"修复"它，会被认为是"付诸行动"。那些更"以身体为中心"或所受训练不那么传统的治疗师，通常会有不同的看法。有些人会用触摸来帮助安抚极度焦虑的来访者；有些人可能会用触摸来帮助来访者进入自己的体验，还有人会觉得，对于那些由于早年经历而常觉得自己不可触碰的来访者，偶尔的身体接触很重要。一位创伤治疗专家评论说，也许有一天，不触碰你的来访者会变得不道德，因为这阻碍了治疗的一个基本要素。

在处理早期依恋创伤时，和触摸相关的问题变得更加突出。来访者往往会有高于平均水平的触摸剥夺和触摸渴望。他们更需要触摸，触摸对他们的影响也更大。

一位治疗师允许来访者通过握住她的手，或用脚接触治疗师的脚，来表达对接触和支持的需求。身体接触的原始需求得到了满足，来访者很容易就感受到了对拒绝的恐惧和对接触的限制，而不需要那种会带来困惑的身体接触。

童年有过不恰当性接触、过度的触觉刺激或有触觉防御的成年人，会有特定的脆弱点。身体接触可能对他们来说能量太大、威胁太大。这是一个非常复杂的问题。

大多数接受过包括触摸的训练的治疗师，都懂得要在触摸前征得对方同意，并把要做的事用语言表达出来。（"这样做的时候，我可以触碰你的肩膀吗？我只碰一下这里，像这样。感觉如何？"）

治疗师可能会接受来访者主动的触碰，因为它反映了来访者的重要进步，例如，上述来访者在解决早年问题（觉得伸手或有需要太危险）的过程中，会伸手去碰治疗师的手。如果来访者的触碰让人觉得有性诱惑、有操控感，或者不尊重边界，治疗师就需要正视这一点。

重新养育

偶尔，会有治疗师愿意更直接地扮演"代理母亲"这个角色，也更愿意触碰。一位这样的治疗师为成年女性提供"重新养育治疗"，她鼓励来访者放松，进入对依赖和依恋的需求，并让这些需求得到满足。治疗师索尼亚·金在书中写道："我不会羞辱那些渴望爱的缺失母爱的女性，而是认真对待她们对爱的渴望。"[5] 她就在那里，作为一个好妈妈，愿意（用最彻底的方式）爱她们，包括拥抱那些想被拥抱的来访者，用她所谓的"好妈妈"的信息来让她们安心。

索尼亚·金请她的来访者安顿下来，接受这种充满爱的关注：

12. 心理治疗：母亲的议题和母职的需求

被动的爱是一种提供关怀的爱，不需要你做很多来激发它。它要求给予者有更多直觉和共情，要求接受者有更高的接受度。接受被动的爱可以深度治愈那些缺失母爱的女性，她们曾如此积极地尝试争取这种爱。她们对自己的情感需求感到非常羞耻，所以在不直接表露自己需求的情况下被给予，会让她们感到非常舒服。[6]

她继续写道：

当你感到依赖和依恋的需求被一个慈母般的形象甜蜜地拥抱，并允许自己接受被动的爱，你的身体、心灵、思想和灵魂都会逐渐放松。在这种放松中，你可能会先穿越悲伤，为没有得到成长所需的关怀和爱而悲伤。当你允许悲伤流动和释放时，就会进入一种更深程度的放松，在那里体验到真正的自己。你也可能体验到自己和万物存在相联系的真相，这会把你从之前感受到的深深的孤独中解放出来。[7]

许多人会同意，放松下来，进入更深的联结、进入人的深层本性，是急需的疗愈。有些人会说，这是我们与生俱来的权利，但当母亲无法支持孩子的存在时，就失去了这种权利。

这种性质的工作有时需要超过传统所需的 50 分钟的时间。它

225

● 第三部分 治愈养育的创伤

可能需要几小时一节的治疗，有时可能要采取特殊形式。一位年近五十的女性讲述了她和心理治疗师的一系列会谈，之前他们通过电话，就与情感缺席的母亲有关的问题工作了一年多。她去了治疗师所在的小镇，住在附近一家汽车旅馆，这样就可以进行几次长时间的治疗，甚至和治疗师一家度过一些非疗程的时间。（请记住，我说的是对一个从未觉得被母亲需要的人所给予的慈爱、人性的联结和包容。）

这位女士描述了她如何克服婴儿时期最深层的痛苦，以及被治疗师抱持意味着什么：

> 我正在自己的内心和存在深处哭泣，在那一刻，我最需要爱的拥抱来拥抱我、包容我，这正是我的治疗师所做的。过了一会儿，感觉似乎不只是我的治疗师抱着我，尽管我知道她在那里。
>
> （后来）我产生了一种奇妙的感觉，那就是，我一直被爱本身所拥抱，它超越了我的治疗师和她的家人，是一种更深层的东西。我们触及了一个核心现实，对我来说，爱的拥抱是对我一生所需的爱和拥抱的隐喻。被需要、真正被需要的渴望；承认我的存在，不需要去赢得存在和生活的权利；我是美丽可爱的（被抱持，而不是被当作毒药对待）——还能再说什么呢？

这种重新进行的早年养育，是一剂猛药，并不是总能处理得很

12. 心理治疗：母亲的议题和母职的需求

好。我听说过一些治疗师，他们提供拥抱、持续的眼神交流、治疗性的语言信息，有时甚至是婴儿用奶瓶。来访者报告的结果好坏参半，我还听说过，治疗师抛弃之前被鼓励退行到依赖状态的来访者时，造成了一些严重伤害。其他时候，这种方式是良性的，但并不总能针对来访者的目标。好妈妈的首要原则是同调，所以，即使是善意、富有同情心的治疗师，如果和来访者同调不到位，也达不到最好的效果。

我相信，真诚、同调、值得信赖的、尊重的联结才有治愈力，而这并不是治疗师可以像其他干预措施那样从口袋里掏出来的东西。因此，我更相信在治疗中自然出现的需求和反应，而不是那些应用在公式化的方法中的需求和反应。

这就是我自己被治疗师重新养育的经历。对处理其他早年创伤几年后，我内心深处产生了被重新养育的需求。正如其他人说的，这种感受就像我心中的一个空洞，而母亲本应在那里。我向治疗师表明，想让她代替我的母亲，她一时还不情愿（这和我们的专业训练如此背道而驰）。但后来她跟随内心的指示做出了回应，真的为我而来。她没有给我拥抱（我也从未要求），但并不害怕身体接触，这很治愈我。我想，我们最深的联结，是深深凝视对方的眼睛时产生的。这种联结透过眼睛直接进入我的内心。这对我来说是一次深刻的体验，随着时间的推移，这种联结（我在内心强化了它）重塑了我对自己和生命的全部体验。它让我有机会去体验自己错失的基本元素，使我的发展突飞猛进。后来谈到这一点时，我说，治疗中最重要的元素是我以一种非常具体、真实的方式感受到了爱。

从孤立到安全依恋

如果治疗进展顺利，我们就会成长，发展出新的选择。那些发誓远离脆弱的人可能会学会容忍脆弱，让别人进入自己的内心。下面是自我依赖的人可能和治疗师一起经历的过程：

（1）保护性孤立

自我保护的立场不会让别人进来，这是在防御可能被拒绝的痛苦。自我依赖的人认为爱不会来，所以最好不要渴望它。任何温暖和深情的表达都会带来不安。

（2）铠甲中的裂缝

有耐心、同调的治疗师最终会找到方法帮助来访者感到被看见、被理解，融化一部分保护性铠甲。

（3）矛盾和渴望

当更多的联结被容忍时，被压抑的渴望就会浮出水面，与旧的防御力量做斗争。这时会同时出现"停"和"走"的信息，伴随着矛盾心理。

（4）消融

这种渴望已经被压抑了很久，所以破壳而出时会非常强烈，强度足以消融阻抗，让来访者感到暴露和脆弱。

（5）恐惧

感到脆弱和依赖可能会敲响许多警钟。这是自我依赖者学会不惜一切代价避免的事。

（6）不安全感

如果恐惧能被克服，会不断形成更多依恋，治疗师对来访者就变得非常重要，而这往往是来访者难以忍受的。治疗师会离开（去度假或工作），并且易得的时候有限。来访者的成人部分理解这一点，但婴儿的依恋需求远远超过每周一小时。来访者沉浸在婴儿自我的感觉中，可能觉得没有治疗师就活不下去。当治疗师离开时，陷入这种状态的来访者可能担心治疗师不会再回来，或者不再像之前那样关心他。

（7）陶醉在滋养中

即使有不安全感，来访者也会越来越能够接纳和享受被给予的滋养，觉得感恩、满足。

● 第三部分 治愈养育的创伤

（8）提升联结的安全性

治疗师和来访者之间的联结不断加强，变得更加坚固、有韧性。关系中断（假期、误解）更容易被容忍，来访者需要的保证也更少。

（9）健康的赋权

随着时间的推移，以及持续的积极回应，来访者开始感到更加自信、有价值，并开始要求自己想要的东西。这对自信感和其他关系都有积极影响。

（10）依恋对象的内化

依恋对象的存在和构成这种关系的良好感受，都成为来访者心灵和人格结构的一部分。在安全依恋中，那个人会成为你内心的一部分。（参见"你的便携式好妈妈"）

虽然我描述的是从保护性隔离开始的自我依赖型，但这种孤立并不总是显而易见。依恋创伤可以隐藏很长一段时间。经历这些阶段的来访者，可能拥有舒适而亲密的友谊，这种关系不会激起也不会有同样的力量来治愈藏在深处的依恋创伤。一个自我依赖的成年人甚至可以维持数十年的稳定婚姻，只不过距离足够远，不会造成依恋困扰。虽然我在紧密咨访关系的背景下描述了这个过程，但类似的过程可能发生在任何潜在的依恋对象身上，他们稳定地存在着，并支持这一进化过程。

从挫折到满足

对于那些迷恋型（焦虑型）依恋的人来说，过程是不一样的。他们的依恋系统不是需要觉醒，而是"太开放"了。这一系统固着在联结上，痴迷于它。根据戴安·普尔·海勒的说法（见附录中的"资源"），此处的任务是接纳联结，从而达到满足状态。尽管这类人总是在寻找联结，但他们会摒弃或取消所提供的联结，因此依恋渴望没有得到满足，而处于一种高度焦虑的状态。就像一个挑剔的婴儿，十分不快，无法接受安抚。这种不快妨碍了接纳。再说一次，同调、稳定、耐心以及找到方法让这个来访者"觉得被感受到了"、接纳关怀（既在治疗关系也在其他重要关系中）是至关重要的。最终，这些感受会让人获得安全依恋。

作为"母亲范例"的治疗师

对处在像这样的密集关系进程中的来访者而言，最困难的事情之一是要明白，即使治疗师提供了美好、渴望已久的好妈妈的体验，以至来访者可能希望永远沐浴其中——治疗师也只是一个临时替身。治疗师是你发展自己的内在"好妈妈"过程中的替身，她所有的温柔、智慧和耐心，只是为了向你展示怎么做、怎样能做好。她是我所说的"母亲范例"，是榜样，向你的成人自我展示该怎么做。

出现在圣诞节、长周末或午夜的是内在母亲,而不是治疗师。当然,如果你已经内化了治疗师,就可以随时运用她。

即使没有直接提到内在母亲,我们也可以说,治疗师为你启动了某些尚未开始工作的方面,比如支持或适当保护自己的能力。我们不希望你只有在咨询室里才能获得这些。一个熟练的治疗师会帮助来访者整合这些能力,以便一周7天、一天24小时都可以获得。

给治疗师的建议

以我的经验来看,处理情感忽视和虐待是相当缓慢的工作,常常让人心碎。有自己的情感资源,来满足需求、承受这个领域带来的情感痛苦,这一点很重要。来访者可能会被那些没有足够的情感带宽、最终只是复制了拒绝/不易得母亲的心理治疗师严重伤害。

这项工作需要温柔和耐心:温柔是因为我们要处理来访者内心难以置信的娇嫩、幼小的部分,耐心则是因为重建一个人的基础是一项长期工作。在最严重的虐待、忽视的部分出现之前,你可能已经在治疗中工作了好几年。来访者需要时间来信任你,也需要时间来准备好承担过去最难承受的事。与此同时,你永远不知道什么时候在你认为无害的东西下面会有地雷。

除了必要的耐心、内在力量、相关议题的知识和治疗技巧,了解你自己的依恋动力也很重要。大多数治疗师都有不安全依恋史,关键是你克服了多少。你要能让来访者安全地依恋你,并通过你的

12. 心理治疗：母亲的议题和母职的需求

欢迎姿态、温暖、共情、同调以及处理来访者需求和挫败的能力，来帮助促进这种依恋。

知道自己的依恋敏感点在什么情况下会被激活是件好事，例如，是当来访者黏住你的时候，或者当他不让你走近的时候。你的优势对某些类型来访者的影响会比其他类型更大。比如，我认识到，那些需要大量口头保证、更倾向迷恋型依恋的来访者，对我的满意度低于那些需要学会信任的来访者。我提供的通常是更敞阔的空间，而不像有些来访者需要的那样热情。

你可能会发现，专注于处理依恋相关问题的培训会很有帮助。戴安·普尔·海勒用DARe方法（动态依恋重塑体验）为治疗师提供多种级别的培训和认证，其中包括学习各种依恋策略和相应的治疗干预措施。[8] 你还可以在戴维·沃林的《心理治疗中的依恋》中，或通过他的面授，学习如何跟各种依恋类型工作。[9]

和特定类型父母一起工作的作家、治疗师也可以提供培训。比如卡瑞尔·麦克布莱德根据她疗愈自恋母亲创伤的工作，为治疗师提供短程培训。[10] 一般来说，你越熟悉情感忽视和虐待以及不良的养育方式，就越能帮助别人。

这是一项值得但要求很高的工作，所以了解自己的能力和局限很重要。接受督导可以帮助你扩展技能，并修通不可避免的、阻碍你胜任这份工作的"成长契机"。

和往常一样，在这份工作中，你自己的治愈和完整程度是最重要的。世界上所有的书本知识都弥补不了被动反应（而不是冷静）、

● 第三部分 治愈养育的创伤

一个不知道缺陷在哪里的人格。"按自己的来"最好,通过你自己的处理方式,通过治疗关系,甚至通过精神方面的工作,都可以灵活地做到这一点。正如戴维·沃林所说:"我们是自己的工具。"

更多的治疗步骤和实操技巧

我已经介绍了很多处理养育创伤的方法，但如果其中不包括建立在已识别出的需求之上的主动方法，那就是我失职了。请考虑以下问题：

- 不是每个人都能幸运地找到另一个愿意取代童年缺失的好妈妈的人。
- 不是每个人的伴侣都想要一种清醒的关系，并且愿意在这种关系中处理童年创伤和未满足的需求。
- 不是每个人都会被伟大的母亲所吸引、在原型领域展开治疗。
- 不是每个人都有资源、决心或倾向去做心理治疗。
- 不是每个人都愿意和内在小孩一起工作。
- 但除此以外，每个人都可以利用本章的视角主动识别和满足童年遗留的需求。

● 第三部分 治愈养育的创伤

识别特定的"空洞"

对那些缺失母爱的孩子来说,妈妈本该在的地方留下的空洞,就像宇宙一样大。当我们作为成年人来看时,可能会觉得这个空洞无法填满。

要认识到,这是一种感觉,而非现实,这个空洞是可以被填满的。心灵中有这样的地方,仅仅是因为自我的一些碎片没得到所需的支持,从而未被填满——意识到这一点,会有帮助。它不是一个无底深渊,而是由一些特定的空洞组成,其中缺失的是好妈妈的功能。这些空洞之间是陆地!不管缺失了什么,其中总有一些部分的发展得到了支持,因此,你有一些部分是坚定而真实的。感受到那些部分和感受到缺失或发展不足的部分同样重要。

下面是每个人作为孩子都会有的十种需求。你会发现这和第2章中列出的好妈妈的十种功能有大量重叠。

- 感到自己属于某个地方,是更大的生命之网的一部分。
- 以安全的方式依恋他人,知道脆弱和展示需求是安全的。
- 真实的自我被看见,感受被相遇(镜映)。
- 得到随自己需求而校准的帮助和指导。
- 得到鼓励和支持,感到有人在支撑你。
- 有人做你的榜样,教你成功所需要的技能。

- 需求得到及时满足，烦恼得到抚慰，从而获得一种自我安抚的能力，使你的系统恢复平衡（自我调节）。
- 得到足够的保护，从而感到安全，不会被淹没。
- 得到尊重的对待（包括尊重你的界限、需求、感受等）。
- 感到被爱、被关怀。

另一种普遍的需求是感到被珍惜，但我没把它单独列为其中一项，我认为这种感觉是随着所有这些而来的结果。当我们觉得自己属于一个有积极价值的群体，是其中一员时，就有了价值感。价值感来自安全依恋，来自积极的镜映，它帮我们认识并接纳全部的自我。别人花时间引导、支持、鼓励我们，传达了对我们的珍视。别人提供适当的保护、确保我们的安全，就是在说，我们在他们心里很宝贵。同样，别人尊重我们，有助于我们建立价值感。当然，被爱也会赋予我们值得爱、有价值的感觉。

> ### 📝 识别你的需求（练习）
>
> 看看上面列出的十种需求。想想每种需求在童年被满足的程度，现又处于什么状态。需要时，也可以使用下面的打分系统：
>
> 1——非常不满足
>
> 2——有点不满足
>
> 3——有点满足
>
> 4——非常满足
>
> 无论你选择怎么做这个练习，目标都是把仍然活跃的需求列出来。

采取积极主动的做法

与其回头看那位缺席的母亲，让自己陷入填不满的空洞感，不如从这种感受中走出来，评估需要填补哪些空洞，然后负起责任，在这些领域追寻你需要的东西。

在《重新长大：养育自己，养育我们的孩子》一书中，作者琼·伊尔斯利·克拉克和康妮·道森谈到，治疗空洞要一个一个来。"没有捷径，"她们写道，"没有什么神奇、立竿见影的方法可以获得所需的技能，重新找回自信和自尊。我们必须自己一步步地去做，必须从内部构建。"[1]

进行构建，要先识别自己的需求。例如，如果你知道自己从没得到过多少鼓励，并意识到自己经常避免尝试新事物或还没发展好的技能，就可以问自己："怎样才能支持自己？我需要有人来指导吗？需要啦啦队吗？怎样才能发展出更多的自我支持呢？"

如果你感觉失去了联结，好像不属于任何地方，那么你可以寻找发展关系的地方，最终体验到归属感。还可以想一想怎样通过工作或志愿者活动为自己在这张网中占据一席之地。

其中许多做法会同时具有外在和内在两个层面。例如，如果你觉得自己会从更多的爱中获益，可以考虑如何培养爱的关系，以及如何增进自爱。

我想说的是，我们可以采取主动。总的来说，要找回缺失的部分，我认为有三种方法：

- 识别自己的需求，直接提出来。
- 去找一些人或情景，在那里，我们寻求的东西很容易就能得到（比如一个可以得到充足的安全触摸的情境）。
- 为自己提供缺失的东西。

我发现，当我对别人有具体需求时，准确地提出来（不以苛求的方式），效果会很好。有时，我甚至会给别人写"台词"（通常是开玩笑），然后要求他们只在真心诚意的情况下才说出来。他们的回答经常是"我当然可以这么说"，然后重复我要求的内容。如果别人朝着没有用的方向去，我会温柔地把他们引回我所要的方向。

例如，我可能会告诉某人，现在我不想听到他们对我下一本书想法的批评和随之而来的挑战，我需要的是他们的支持。我可能会说："我希望你说这个点子很好，你会支持我。"

如果能告诉别人我们什么时候想要被拥抱、什么时候需要被镜映、什么时候需要口头支持，等等，我们就不会感觉那么无力。另一个好处是，在他人看来，我们不像"填不满"的空洞，否则他们可能会以某种方式摆脱这种仿佛欲壑难填的需求。对每个人来说，具体需求带来的威胁和压力都更小。

缺乏支持的空洞

在父母情感疏离的孩子身上，最常见的就是缺乏支持的空洞。我们努力时，没有人来支持，努力失败时，也没有人支持。没有人欢呼雀跃说"哇，你能做到！"或者"我支持你"。理想情况下，这个人应该是母亲，父亲和其他人也会加入进来。如果没有人传达他们相信我们，要相信自己就更难了。

缺乏支持往往意味着我们的信心得不到正常、充分的发展。我们会感到好像缺失了一块——确实如此！我们缺失的是当孩子得到稳定的支持时内心会发展起来的东西，是效能感和内在的支持力量。这让我们感到害怕、匮乏和不安全。当我们感受到支持不足留下的空洞时，会对自己说"这洞太大了。我想，我做不到"或者"这让我感到孤立无援"。

当我们面对新情况，结果无法保证时，或者遇到挑战时，支持的问题就会出现。遭遇某种"失败"时，也常常需要支持。

与其责怪自己缺乏自信、怀疑自己为什么不能像其他人一样勇往直前，不如看看自己在成长过程中得到了多少支持。我会宽泛地讨论这个议题，这样你就可以用自己拥有的任何"父母形象"来回答这些问题。

- 父母多久来看一次你参与的演出或活动？看完后他们会说什么？他们的肢体语言传达了什么信息？他们的到来能让你感觉到被支持吗？
- 父母对你的成就有什么反应？会表示认可、祝贺吗？
- 除了成就，你觉得他们支持你做自己、支持你面对成长中的内在挑战吗？
- 父母是怎样应对恐惧、不安全感或匮乏的？当你有点低落、需要知道有人在关心你时，他们又是怎样对你的？
- 在你心里，有没有一个需要时可以去求助的父母形象？

就像我们探索的几乎所有领域一样，家族传承也在这里发挥影响。自己和孩子身上那些我们拒绝或没能支持到的部分，正是我们的父母不支持的部分，也是父母身上没有得到他们父母支持的部分。我们可以通过有意识的决定来打破这个链条。

现在就去获得支持

如果想扭转支持不足的模式，首先要检查你的需求是什么，并致力于建立更多支持。还要注意得到支持的时候你能接纳多少。通常，如果我们年幼时没有得到多少支持，接受的能力就会被我们发展出的防御系统所阻碍。

在自助类书籍和治疗中，有很多方法可以增强你的被支持感。这里列出了一些有用的策略——

向别人寻求支持

这不是一个可选技能，而是一个必备技能。无论需要什么形式的支持和鼓励，你都必须有能力去找适合提供的人要。

学会接近别人，即使他们并非真实存在

当别人不易得时，你可以把这个过程带入内部。你可以通过内在对话或者日记里的对话来完成。如果是写日记，就想象一下那个人会说什么。这个人不必是现实中的，也可以是好妈妈形象、想象中的向导或更高的自我。

找到支持性的组织

创造性地收集或发展支持性组织，包括支持性团体、班级、工

作小组、练习搭档、靠得住的伙伴，或任何在特定情况下有用的事物。考虑一下如何设置一系列目标和奖励，以及什么样的规程和学习情景可以帮助你。

离开感受，变得客观

提醒自己你的真实能力如何。没有得到足够支持的感受最终只是一种感受。作为感受，如果你对它的关注超过了对能力的关注，它就会限制你。

支持你的内在小孩

由于内在小孩状态常常会陷入恐惧和不安全感，你可以成为自己的好妈妈，和她对话，倾听她的恐惧，给予共情、拥抱和安慰。

对自己说好听的

留意你有没有给自己重复那些泄气的信息，如果有，就用积极的陈述来代替。问问自己："在这种情况下，好妈妈会说什么？"你可能会用到下面这些陈述：

- 我相信你。
- 我知道你能做到。
- 不管发生什么，我都支持你。

通过意象让它变得真实

想象你获得了所需的支持,尽可能明显地感受这一点。看到自己怎样轻松地通过挑战。

害怕的事也要去做

遇到困难的事,投入进去也许会有帮助,投入本身和你取得的任何进展,都可以起到支撑作用。如果恐惧让你退缩并屈服,恐惧就赢了,并将故技重施。

获得身体的支持

不是每个人都会觉得自己的身体是一种资源,但如果你有这种感受,那就是一笔巨大的财富。例如,感知骨骼可以提供稳固感。还可以使用其他微妙的方式,比如把嘴唇合在一起。感受肌肉会带来好心情,做运动则有助于打破自卑感的魔咒。

向灵魂寻求帮助

数以百万计的人会在需要的时候求助于灵魂——不论是外在于自身的灵性存在,还是你自己身上超越日常经验的存在。我可以毫不含糊地说,你绝对可以从中获得支持。

对缺失母爱的人来说,支持往往是个需要持续关注的问题。然而,付出的努力是值得的。如果我们学会寻求和接纳外部支持,慢慢发展出更多内部支持时，会发现自己更容易前进。那时不再有类似的局限，生活变得不那么挣扎了。

自信的感觉

什么是自信，它从何而来？自信不是全或无的东西，而是我们在生活中不同领域或多或少感受到的东西。作为成年人，我们可能对自己的人际交往技能感到自信，但对自己的电脑技能不自信；对自己的决策能力感到自信，但对积极追求想要的东西的能力不自信。

我观察到，对一些人来说，自信和行动的关系更密切（而且取决于技能和表现），而对另一些人来说，更多地和从别人那里体验到的安全感有关。我怀疑，当父母过于强调能力时，自信就会和行动联系在一起。当孩子们不因发展不好的技能感到羞耻，而仅仅因为自身存在就得到充分的爱时，能力就变得不那么重要了。有安全感的人只是说"我不知道怎么做"，然后带着好奇观看。孩子在任何层面的能力都需要被镜映，好让他把这种能力纳入自己的认同；否则，孩子往往会感到自卑。

虽然作为成年人，把自信建立在别人对我们的感受上是错误的（正如把它建立在我们的表现上也是错误的），但拥有安全依恋是孩子自信的基础。安全依恋会让你在这世上占有一席之地，感觉有人珍视你、对你投入，感觉自己有权待在这里、占据空间。自信的一种定义，就是有勇气展示和表达自己。如果能得到别人的支持，这会容易得多。

看看自己的需求清单，可以说自信几乎伴随所有的需求而来。当我们觉得自己被需要，并被一个我们认可的群体接纳时，它就会出现。当真实的我们被看见、被接纳时，当我们受到尊重时，它就会出现。当别人鼓励和赞扬我们时，自信就会建立起来。当我们知道会得到自己需要的帮助和支持时，自信就会建立起来。当我们能够调整自己的身体状态和情绪起伏，让自己恢复平衡时，就会得到稳定感和自信。

可以问问内在小孩需要什么来增强自信。一个内在小孩说，她需要安全感，需要被人喜欢，需要有人为自己能做到的事感到兴奋，需要有人看见自己的力量。

你需要什么来增强自信呢？

找到自己的力量

如果你没有充足的力量，就很难在生活中取得成功。没有力量，在人生的许多阶段——无论是在运动场上还是市场上，甚至在约会场合，你都会遭遇阻碍。治疗师有时把力量感称为自我效能感或"自主"感（作为主体对环境施以影响）。我们通常认为这是一种改变周遭环境的力量；同时它也赋权给我们，让我们知道可以改变自己的内在体验，比如心理模式或情绪。当你知道自己可以改变事物时，你就不再是受害者了。

增强力量感的方式不计其数，比如：

13. 更多的治疗步骤和实操技巧

- 培养沟通技巧,帮助你主张需求、捍卫边界。
- 找到说"不"的力量(比如,通过自信训练或自卫课程)。
- 选择你能做出改变的情境,尽量减少无能为力的情况。有些情境本质上就是剥夺权利的。
- 注意什么时候你对周遭产生了影响。如果一直忽视自己有影响力的时刻,就无法增强自己的力量感。要接纳成功的体验,这样才能让它们融入你的自我概念。
- 学会改变你的自我对话。自我对话是脑海中关于事物,尤其是关于你自己的对话。一些课程、书籍、博客和文章可以帮助你从消极的自我评估和评论模式转变为更积极、善意、客观的模式。
- 感受身体的力量。这并不意味着要去健身,当然也可以去。通常,仅仅是感受肌肉或感受骨骼的支撑,就能带来坚定感和力量。伴随着"具身"而来的还有一种赋权感,它让你的身体里拥有更多意识。以身体为中心的疗法,以及任何增强身体觉知的方法,比如好的瑜伽练习,都能帮你做到这一点。
- 通过心理治疗等途径解决阻碍力量感的问题。
- 学习如何查找资源以满足特定需求。被赋权并不意味着你要独立完成每一件事。想想全世界的CEO(首席执行官)们!

保护珍贵的东西

正如我们所知,好妈妈的一个职能是提供安全的地方、一个受

● 第三部分 治愈养育的创伤

保护的环境,让孩子可以茁壮成长。作为成年人,我们仍然需要一个安全舒适地拥抱自己、滋养自己的环境。就像好妈妈为婴儿提供这一环境,我们也要学会为成年的自己提供。

拥抱的环境、安全感和受保护的空间包括几个方面。一个是家,我们住的地方。你在家里觉得安全、被滋养吗?它是你喜欢待的地方吗?如果向外扩展一级呢?你所居的社区给你宾至如归的感觉吗?

边界又是什么样呢?包括身体边界和心理边界。你能让别人待在适当的距离吗?你会让别人用喋喋不休的问题和毫无用处的建议侵犯你的隐私或心灵空间吗?如果有人以你不想要的方式进入你的私人空间(无论是身体上的还是情感上的),你能把他们推回到更舒适的距离吗?

对于那些父母有侵入性、家庭成员情感纠缠的人,保持边界通常会更困难,但即使是感情疏离的家庭,也会有边界冲突。为了解放自身更隐秘、更脆弱的部分,能在需要的时候保护自己的感觉是很重要的。

就像好妈妈会为孩子安排合适的环境,不让孩子有严酷的或侵入性的体验,而让孩子得到所需的,同样,珍爱自己的一方面,就是要留意什么才是对自己恰到好处的。例如,要知道怎样的社交接触太多,怎样又是不够的,而怎样最让自己满意。这显然不只是量的问题,也是质的问题,所以要观察怎样的接触让我们满意,然后相应地调整生活。这里结合了保护职能和调节职能,调节使事情变得恰到好处，不多也不少。

这些问题可以帮你评估自己在履行好妈妈的保护和调节职能时做得怎样：

- 在你生命中，有没有什么时候，你没有保护好自己珍视的东西？
- 如果要创建适合自己的"拥抱"，会和目前存在的有什么不同呢？请考虑尽可能多的层面，包括物理环境、社会环境和情感环境。

展现自己并被看见

通常，如果没有被镜映，我们会和自己的某些部分失去联结。现在，是该启程去找回它们，去被看见了。当然，看见自己也是其中一部分，任何形式的自我探索都会有所帮助，但让别人看见并承认这些缺失的部分有助于将它们复位。

这种"隐身"可能是由于父母太忙，经常外出，或者没有能力真正看见我们，但我们自己的习惯和对真实世界的回避，也有可能维持这种状态。通常，为了在情感缺席的父母那贫乏的情感中或任何不欢迎的早期环境中生存下来，我们才变成了现在这个样子。我们不去接触关系，而是退缩。治愈的一部分就是不再与世隔绝，回到真实世界。

为了增加被别人看到的机会，你可以考虑表达性活动，甚至表演，比如戏剧表演、合唱和舞蹈。我母亲是个非常传统的女人，很少展示自己，而我发现参加某些活动能把自己从类似的退缩倾向中拉出来，在这些活动里，人们是自发的、无拘无束的，让我感到非常自由。

有些团体给人提供机会，让他们在一段时间里拥有舞台（团体的全部注意力），处于被大家注意的焦点。处于中心的人可以表达任何想表达的。最有效的治疗方法，通常就是在那一刻没有保留，表达真实的感受。

和另一个人有情感上的亲密关系，可以向这个人展示内心世界的一切，也能给人一种被看见的感觉。

网中的一席之地

许多和母亲没有牢固联结的人，也会感到和其他家庭成员或整个家庭缺乏联结。这会留下一个空洞，造成一种缺失。我们靠着家庭，以有意义的方式将自己和世界联结起来，家为我们提供了暴风雨中的港口、归属感、身份认同和支持。我们指望着家成为自己被了解、被拥抱的地方。

如果你现在有自己的伴侣和／或孩子，可能有助于弥补早期缺失的联结。但如果你只有自己的原生家庭，跟它只有细若游丝的牵绊呢？如果没有在部落或家族的意义上可称为家的地方，那该怎么办？

我发现，有些人在感觉没有家人陪伴的情况下，会觉得被剥夺殆尽。诚然，家庭和伴侣都被视为安全网的重要组成部分，但二者都不像我们想象的那样不可或缺。我们的安全网和社群意识会随着时间而改变。需要看到，人们可以有条不紊地介入又淡出，最重要的是，在需要的时候，有人——甚至是陌生人或近乎陌生的人——可以站出来帮助我们。

我从朋友那里听到一个感人的故事。朋友最近遇到的一个女人联系了她，说自己需要帮助。这个女人是社区里新来的，正在做手术，她给八个女人写了信，想知道其中有没有人能帮她。她跟这八个人都不熟，有点不好意思，但也没有其他人可以求助。而这八个人都说可以提供帮助。

有些人看起来总是很忙、不像我们所希望的那样殷勤，但他们通常会回应具体的需求。一般来说，人们是乐于助人的。当然，如果提供帮助的时间长达几个月，他们可能会有消失的时候，但并不一定是因为不在乎，而是因为还有其他事情要做。

我们中的一些人如此脆弱、没人保护、暴露在没有亲人可依赖的环境中，我在他们身上看到的恐惧主要来自小孩部分。如果我们像那个社区新来的女人一样，能够伸手求助，那么，即使没有家庭的保护网，也不会受到威胁。我们越深地扎根于成人自我，就越不会在周围没有亲人时感到漂泊不定。

在西方文化中，随着更大的部落、社区意识的衰弱，核心家庭显得格外重要。在某些文化中，整个村庄都扮演着家庭的角色，但我们这里讨论的人数是非常有限的。我们不是被几十或几百条线联

● 第三部分 治愈养育的创伤

结起来,而是六条,有时只有一两条。这还不足以维持健康的联结和归属感。

解决办法是建立更多联结和归属感,主要通过以下途径:

- 亲密的朋友圈可以作为一个"自愿选择的家庭",需要的时候陪伴在我们身边,和我们一起庆祝生命中的重要时刻。
- 和群体的联系让我们在生活之网中占有一席之地。可以是兴趣小组、治疗小组、社会群体或其他任何团体。有些人的社区是互联网上的互动社区。虽然虚拟社区可能缺少一些重要的方面,但它确实为许多人提供了有意义的联结感。
- 有意义的工作(无论是志愿活动还是有偿的工作)会让我们在世界上拥有一席之地和目标。
- 和某些地方的联结,会以物理方式将我们锚定在地球上,这样我们就不是流浪者,也不会"迷失在太空中"了。这可以是和自己家或周围地区的联结感。许多人都感到和周围的土地有很强的联结。

徜徉在情感世界里

人类生活在一个充满情感的世界里,但对许多缺失母爱的人来说,这个世界更倾向于让人不安。学习在这片水域徜徉,是顺利生活在世间并成为一个完整的人的重要部分。

约翰·布拉德肖阐释了有多少人从这个世界中被切断:"在有缺

陷的家庭中长大的孩子以三种方式形成了压抑情感表达的习惯：一是没有被回应或镜映，也就是没有被看见；二是没有命名和表达情感的健康榜样；三是为表达情感而受到了羞辱和／或惩罚。"[2] 他说，"情感被压抑得越早，受到的伤害就越深。"[3]

如果情感以这种方式被切断，要进入情感世界就可能需要大量的学习。我们必须打破自己身上"静止脸"的咒语，变得直接、率真。一些情感会比其他情感更难以处理。如果在这方面还没有治愈，父母特别难以忍受的情感通常就是我们最难忍受的情感。

● 第三部分 治愈养育的创伤

> ### 📖 扩展你的情感曲目表（练习）
>
> ● 以下哪些情感是你最难接受和表达的？
>
> | | |
> |---|---|
> | ☐ 受伤 | ☐ 渴望 |
> | ☐ 悲伤 | ☐ 爱 |
> | ☐ 快乐 | ☐ 敬畏 |
> | ☐ 愤怒 | ☐ 失望 |
> | ☐ 害怕 | ☐ 懊悔 |
> | ☐ 脆弱 | ☐ 嫉羡 |
> | ☐ 骄傲 | ☐ 忌妒 |
> | ☐ 迷茫 | ☐ 自信 |
> | ☐ 恨 | ☐ 幸福 |
>
> ● 对你的父母来说，最困难的分别是哪一个？
>
> ● 把这张表作为起点，列出你想要添加到情感调色板中的情感。
>
> ● 给你刚刚命名的每种情感写下能支持它发展的东西。

正如我们可以积极应对本章识别出的其他缺失，我们也可以主动提出或认领自己无法轻易表达的情感。比如，也许原生家庭不允许你表达失望，你意识到自己仍然羞于表达。你可以选择一个信任的人，分享一些失望的体验，寻求验证，让失望得到镜映并被正常化。正常化的例子可以是"这当然很难！我也会感到失望。"。如果你曾因表达失望而感到羞耻，这会是很有效的矫正性体验。

情感风格和照顾模式

请记住,许多缺失母爱的人都需要持续地工作,去碰触自己的情感。如果母亲没有注意或回应我们的感受,我们自己和这些感受的联结往往会比较弱。我们甚至可能学会了关闭它们,以保持和母亲的联结。

我们的个人风格,无论是压抑情感,还是夸大情感以获得关注,一般是为了回应照料者的风格发展出来的。当照料者一直对孩子的情感不感兴趣,或对孩子表达情感进行惩罚时,孩子就学会了压抑自己的情绪。而且,如果照料者有时以同调的方式做出回应,而另一些时候则做不到,孩子就更有可能为了寻求帮助而夸大情感,研究也发现了这一点。[4]

停下来思考一下:

- 你更倾向于因为害怕被拒绝而隐藏情感,还是在想得到别人回应时"鞭策"他们?
- 如果你兼而有之,在什么情况下倾向于隐藏情感,什么时候又会放大它们呢?当你放大自己的感受时,会期待什么呢?

悦纳自己的需求

涉及需求时,我们倾向于采取父母对待它们的态度,至少最初

● 第三部分 治愈养育的创伤

是这样的。例如，如果母亲对你的需求感到不耐烦或拒绝，那么你对自己的需求也会很难忍受。记得有一次在我自己的治疗中，我表达了相当多的需求，突然感到非常抱歉。我转动着眼睛，好像在说："这太过分了！"幸运的是，我注意到了，并意识到这是父母亲手传递给我的。"很高兴你发现了这一点，"我的治疗师说，"因为我完全不觉得过分。"

对许多早年需求没得到满足的人来说，有需求让他们感觉屈辱和危险。一位女士透露，将自己置于相对依赖另一个人的位置，感觉就像递给对方一把刀来割自己的喉咙。感到依赖会和感觉稚嫩、不受保护、将要遭到打击联系在一起。

要克服这一点并不容易。我们需要知道，这样做不再危险，有人想要满足我们的需求！学习这样做需要冒险，因为只有试了才会知道结果。这种风险会很难承受。

没有新的输入，信念就不会改变。如果我们的需求在年幼时被忽视，有需求时就会常常感到被拒绝。这可能导致一种信念，即我们的需求太多，或者这些需求会把别人赶走。通过展示需求并获得满足，可以消除这种信念。

从小事入手，向安全的人求助，会很有帮助。这样风险较小，你可以慢慢建立起对脆弱的容忍度，并积累成功经验。

对那些自我依赖型的人来说，从"我自己动手"到"很高兴你帮忙"，是一段漫长的旅程，意味着习得自己的需求实际上可以得到别人的响应。

了解自己的需求并表达出来，是一项重要的发展成就，可以支持亲密关系。作者杰特·普萨里斯和玛琳娜·莱昂斯在《不设防的爱》一书中认可了这一点。但这并不是全部。即使伴侣没有满足我们的需求，我们也希望感觉良好。正如普萨里斯和莱昂斯所指出的："未解决的需求越早出现，当需求没有被另一个人满足时，作为成年人，我们的维持幸福感的能力就越弱。"[5] 如果我们早期的依赖需求在婴儿时期得不到满足，意识往往会在那一刻分裂。我们没有足够的资源或成熟的能力来"整合它"，也就是说把自己整合在一起。跟需求有关、无法忍受的稚气和敏感，是来自这些非常早期的伤害。

暴露这些未经修饰的自我可能会令人尴尬，但它是治疗的一部分。我们把童年没有解决或完成的一切带进了亲密关系。对那些把关系看作成长途径的人来说，这是一种祝福。

想知道你在治疗之旅中所处的位置，请思考以下问题：

- 你对有需求有何感受？你能看出这如何反映了早期照料者对你的需求是怎样感受和反应的吗？
- 有需求的时候，你通常会预期别人能来帮忙，还是会对此产生更多的被剥夺感？
- 你最难表达的需求是哪些？
- 你能不能表露一个需求，只得到部分满足，同时还感觉不错？你是否能"拥抱"自己的需求，而不是把它们像烫手山芋一样丢开或完全压抑？

● 第三部分 治愈养育的创伤

培养亲密的能力

亲密关系需要开放的情感、看见和被看见的意愿，并让需求得到满足。如果你还没有解决缺少响应的养育方式留下的影响，亲密关系会是很大的挑战，但它值得努力一试。也许你多年来对人际关系感到非常失望，但也可能怀有深深的渴望；当你退却，陷入自我保护的姿态时，可以利用这种渴望来推动自己。

积极主动应对这个问题的一种方法，是想想你做了什么来培养亲密关系。你节目单上的"依恋行为"有哪些？怎么提升它们？想想以下几点：

- 你能在受到威胁或痛苦的时候接受安慰吗？（这是一种"依恋行为"。）
- 有人向你求助时，你会有什么反应？你能允许别人需要你吗？
- 你能以关爱的方式触摸吗？能保持亲密的眼神接触吗？
- 做爱的时候，你能保持感情接触吗？
- 当你和伴侣真正靠近时，会有什么样的恐惧和防御？

一位治疗师说，如果一对夫妻能增加他们的依恋联结，就可以帮彼此进行自我调节，并解决一些个人问题。自我依赖型的人的任务是唤醒依恋系统，然后该系统可以按照大自然的旨意更正常地运行。想一想你可以做些什么来培养亲密的能力。

接受有益的触摸

关爱的触摸常能带来人们所渴望的温暖。能提供安全触摸的情境很多——比我们通常想象的要多，比如各种形式的舞蹈、互动运动、体育项目、按摩或塑形，当然还有拥抱！

如果你想更轻松地触摸别人，可以把一个接触起来很轻松、自然的人当作模特，因为这经常涉及获得许可。照顾孩子或和孩子一起玩耍也能提供这种机会，但我们需要确保不是强加了自己的意志，而是在回应孩子。其他类型的照料，比如照顾老人、病人和哀伤的人，也是一样。

走出被剥夺感

母亲是我们最初的环境，我们如何体验她对我们后来如何体验这个世界，以及对世界的期望有很大影响。如果母亲对我们早期的需求没有反应，我们往往不会指望世界会对我们有反应。如果母亲不欢迎我们，我们就不会觉得世界是欢迎自己的。治疗的一个主要部分，其实是要看到世界和母亲不一样，改变我们的观念以及和世界的关系。

我发现许多童年缺失母爱的人都有所谓的"被剥夺感"。这是内心携带的一种匮乏感，它成为我们接受体验的无意识过滤器。我

● 第三部分 治愈养育的创伤

们甚至可以说,一些人创造了一个"剥夺的故事",使之成为生活中重复的主题。一个剥夺的故事充满了像"我得到的总是很少"或"我永远得不到想要的"这样的想法。这往往和你看待他人的方式形成鲜明对比。就好像你是孤儿院最后一排的孩子,东西常常在还没轮到你时就分完了。

如果你对这种被剥夺感产生了共鸣,请想一想:

- 你感受到的被剥夺的滋味是什么?有没有图像或隐喻可以描绘它?
- 你能看到这种滋味如何贯穿你的生活吗?

只有把产生这个故事的体验中的痛苦代谢掉,才能最终放下这个故事,拥有不同的体验。

作为过程的一部分,你也许还想了解当前可能存在的障碍,以获得不同的体验。试着想象一下富足是什么感觉。它在哪里遇到了阻碍它的自我意象?它会如何改变你的感觉,让你感到富足而不是匮乏?

当我们经历一些完全陌生的事情时,首先会产生一种震撼感。如果你基本上从未得到过好的支持,另一个人以完全支持你的方式行事,可能会让你感到很迷茫,不知道这是不是真的。想想那些中了彩票的人,他们一夜暴富,但几年后又回到了原来的经济水平。这种瞬息、戏剧性的变化一直没有被整合。

- 你能不能想到一个时刻,你的"被剥夺感"受到了某种截然不同的东西的挑战?

- 举出五个例子，那时你拥有所需的一切，或比期待的还要多。那是什么感觉？

有时，被剥夺感深深烙印在我们的内心深处，而我们试图通过沉浸在富足的象征中来取代它。这可能比早期的体验更好些，但如果旧的烙印消失了，我们完全摆脱了被剥夺感，那就更好了。之后，即使在非常平凡的生活中，我们也会感到富有。

接纳好的东西

一种有助于消除被剥夺感影响的做法是有意识地接纳积极的体验。这一直是积极心理学的焦点，并得到了现代神经科学的支持。我在这个领域的首选资源是心理学家里克·汉森，他的作品很好读。[6] 他解释说，大脑对消极体验就像魔术贴一样，而对积极体验像防粘涂料一样，所以即便你现在的生活充满了积极的体验，如果不学会停下来接纳它们，它们就会从你身上流走——而不是滋养你。

汉森创造了一个模型，写了很多关于这个模型的文章。他将其称为"治愈过程"，并常常描述它为"接纳好的东西"。首先，要有意关注一种积极的体验，然后坚持与它相伴。专注体会这种体验，尤其注意它带给你的好处。你甚至可以通过引入尽可能多的感觉、增强情感和个人意义，来有意增强或丰富这一体验。这种体验的滋味与之相伴，正是它让体验真正改变了我们。

积极的情绪已被发现具有深远的影响：提升情绪，让人更乐观，并帮助培养适应力——这是解决情绪崩溃的良药，而情绪崩溃正是许多遭到情感忽视和虐待的成年子女所感受到的。[7]

另一种得到研究支持的方法是感恩练习。[8]可以从下面这种练习开始：

> ### 📝 数数你的福气（练习）
>
> 在这章开头，我说，空洞之间是陆地，在缺失和发展不足的地方之间是我们的需求得到满足的地方。被赋权和走出被剥夺感的一部分能力，正牢固扎根在我们的力量和资源之中。这里会有三个不同的列表，一个处理你已经开发的能力，一个记录你生命中的资产或福气，而第三个（也许是最困难的）是关于你童年的积极事件。
>
> 列出你已经发展出的20种能力，比如：
> - 我知道如何成为一个好朋友并为他人提供支持。
> - 我随机应变，知道如何获得我需要的信息。
> - 我对自己和他人都富有同情心（也许不是所有时候，但很多时候都是如此）。
> - 我已经学会了识别自己的感受，并能够用言语表达，而不是简单地见诸行动。
> - 我能感受到自己是珍贵的。
>
> 列出生命中至少20件你会认为是福气的事。比如：
> - 我住在一个犯罪率很低的地方，邻居们认识我、喜

欢我。
- 朱迪对我很慷慨，把设备借给我，这样我就不用经常买了。
- 我晚上睡得很好。
- 我有一位很棒的按摩治疗师。

列出关于你童年时期的 20 件积极的事，其中至少一半要跟母亲有关。比如：
- 小时候哥哥在学校里保护我。
- 妈妈在我需要的时候带我去看病，积极治疗我的头痛。
- 爸爸让我们认识了大自然的野生区域。
- 我们过去常常在路上唱歌，很开心。
- 妈妈关心我的外表，但并不过分控制。

如果你保留这些列表，随时用作参考，那么当弥漫的被剥夺感开始出现时，你就有了一些可以抵消它的东西。

练习好好照顾自己

正如前面提到的，我们倾向于用别人对待我们的方式来对待自己。对某些人来说，这会导致明显地缺乏良好的自我照顾。这往往来源于意识不足。母亲情感缺席的成年人没有关于同调、悉心照料的模板，并且经常会忽略痛苦的信号。我想起一个女人，她在下雪

●第三部分 治愈养育的创伤

天来见我时没有穿袜子,她没意识到自己的脚很冷。

另一种不那么常见的情况是,缺乏自我照顾是在表达自我排斥和拒绝。一位女士告诉我,当她在别人的提醒下开始关注自己的皮肤时,有一种明显的感受:"我讨厌照顾你。"她会等到皮肤开裂才使用保湿乳液。

还有些时候,我们不想照顾自己是因为暗地里希望别人来照顾我们。我听过这样的信念:"如果照顾好自己的需求,别人就不会来了,我会永远得不到别人的照顾。"一个女人告诉我,她只有在崩溃时才会得到拥抱(所以满足自己的需求和得到拥抱是对立的)。

并不是满足自己的需求就失去了被别人满足的机会。我发现,在我的社交圈,我更喜欢满足朋友中那些表现出在意自己的人。满足自己的一些需求会使你不那么依赖和黏人,也示范了你希望别人对待你的方式。

一位曾遭到情感忽视的来访者茫然地看着我,问:"什么是自我照顾?我真的不知道这意味着什么。吃得好、睡得香,还有锻炼身体?"是的,但不止这些。

- 良好的自我照顾是对自己的需求做出反应,而不是把任何痛苦和麻烦的事拒之门外,妨碍正常功能运转。你的感受和需求是重要的,应该得到尊重和关爱。
- 良好的自我照顾是找出(健康的)行动,可以给你带来快乐,或让你暂时从压力中解脱。
- 在一段艰难的时间里,良好的自我照顾意味着不强迫自己发挥最佳水平。

- 良好的自我照顾，是怀着恻隐之心对待那些受苦受难的人。在那种情况下，那个人就是你。你能像同情最好的朋友那样，同情自己的遭遇吗？
- 良好的自我照顾就是善待自己。你能像对你所爱的人那样，带着共情和关爱对自己说话吗？你能温柔地抚摸自己的脸或手臂吗？当你需要的时候，会休息一下吗？
- 良好的自我照顾就是找到让自己心情愉悦的事物，不管是拿着最喜欢的石头、听一首歌、坐在某个特别的地方，还是给特别的人打电话。

照顾刚从疾病中康复的人，通常需要带去食物和帮助，让他可以休息和恢复。同样，从情绪痛苦中恢复时，照顾好自己意味着提供滋养，做些力所能及的事让生活更轻松。这意味着你和你的安康是第一位的，比跟上期望更重要。尽可能保持最佳状态很好，但疗愈过程更重要。

就像用创可贴保护受伤的手指一样，良好的自我照顾为神经系统提供了缓冲。它关注所有影响你的事物：声音、温度、光线、不同的食物和饮料对消化系统的影响，不同的人对情绪系统的影响。疗愈情感创伤时，我们的神经系统在做额外的工作——而且是在它缺乏抵抗力的情况下。

知道了这一点，你会多给自己一些"余地"：多睡一小时，花时间写日记而不是处理待办事项，选择离开礼节性的社交聚会（或干脆不去），因为你只想独处。

实践良好的自我照顾给你的内在系统提供了重要的信息："我关心你。你很重要。"对遭到情感疏忽或虐待的孩子来说，这种信息是一剂良药。

- 你是怎样忽视身体或情绪健康的？（尽可能详细地说说。）你愿意做些什么来改变这种模式？你也可以想些方法，让自己在目前没有忽视的领域做得更好。
- 列出当你需要被滋养时可以做的事情。寻找有益健康的事物，也许是好妈妈会建议或提供的，比如冲热水澡、足部按摩、带着棉被和一本好书蜷缩在舒适的椅子里，或者做一锅汤、一杯滋补热饮。

自我照顾是一种让我们不断成长的实践。也许刚开始会笨手笨脚，但请记住，你会在这个过程中得到反馈。当感觉身体放松或者在情感上有更多空间时，自我照顾就在起作用。坚持下去！

通用补剂

无论特定的缺陷或伤害是什么，有些事都能起到一定疗效。它们是使系统强健的"通用补剂"，包括创造性表达和自我表达、培养和身体的友好关系、有滋养功能的自我对话，以及花时间待在大自然中。许多人能在"大自然母亲"身上找到之前缺失的拥抱。

关注对你来说是"良药"的东西。就像好妈妈和孩子的需求同调，你要和自己的需求同调并提供滋养。

在这一章中，我鼓励你为弥补童年的缺失承担责任。结合前面四章，给了你足够的材料，可以用来工作很长一段时间。这些足以改变你的整个体验，改写你的故事。

14 改写你的故事

"故事"这个词可以有几种不同的用法。一是指对某事的叙述,我们怎么对自己讲这个故事。我们对自己讲的故事可能和客观事实有很大的不同,往往还会让客观事实更难被看清。比如,如果陷入被剥夺的故事,我们就看不到自己是怎样获得了需要的东西。

"故事"这个词也可以指对事件更客观的描述,比如当我们想到某人的人生故事时。现在我们就来看看构成人生的一系列事件。

本章我们会看母亲的故事(此处指第二个含义),看到它如何影响我们的故事(此处指第一个含义),看到这些影响如何传给下一代。我们还将探讨,所有这些修复工作对现在作为成年人和母亲的实际关系以及进展中的疗愈意味着什么。

母亲的故事

我们自己的主观故事,由童年的情感所维系,本质上是以自我为中心的。我们根据自己的体验来解读世界。我们对母亲的认识,来自她对我们的意义。

如果我们止步于此——对我们来说她是谁,且现在仍然是——就错过了很多东西。如果你是父母,你能想象别人只通过你和一个孩子的互动来了解你吗?你还有很多方面,生活中的其他许多部分,都深深地影响着你作为父母的表现。

疗愈的很大一部分是走出我们反复播放、有局限性的母亲的故事,让她作为一个人真实地呈现出来。我们需要看到她生活的本来面目。下面的练习可能会有所帮助。

📝 说出母亲的故事(练习)

做这个练习有几种方法。一种是让朋友听你讲母亲的生平故事。另一种是把它写在纸上——长度和细致程度都由你来定。你可以把以下问题作为提示,也可以自由发挥,并不是每个问题都与此相关,也不是每个问题你都能回答。

- 你对母亲的童年,包括家庭环境,了解多少?她和父母亲近吗?他们是什么样的人?她有几个兄弟姐妹,排行第几?她有没有担负什么责任,比如照顾弟弟妹妹?

- 她的童年快乐吗？你认为她的童年体验是什么样的？
- 成人以后，什么对她来说是重要的？她想要怎样的人生？
- 组建家庭之前，你认为她多大程度上"找到了自己"？
- 她是怎样处理亲密关系的？
- 她为什么生小孩？
- 成为母亲对她来说意味着什么？特别困难吗？她得到了哪些支持？
- 当时还有什么事情？家庭内部和外部世界发生什么了吗？存在哪些社会和经济压力？
- 你对她的健康状况和总体能量水平了解多少？
- 你出生时的状况如何？这些状况对你和母亲的联结有什么影响？
- 如果她在外工作，她的工作是什么样的？她喜欢吗？她在那里有自主权吗？
- 你进入青春期对她来说意味着什么？
- 你有没有哪个成长阶段让做家长的她觉得特别艰难？这和你有什么关系？
- 她的青年和中年期还有什么重大事件？
- 她最大的财富和缺失各是什么？
- 你觉得她一生中最大的挣扎是什么？
- 你觉得她对养育你的方式满意吗？
- 她的生活中哪些方面最没有得到满足？

- 如果她实话实说,她可能会有哪些遗憾?
- 现在给她的人生故事想一个标题。什么样的标题能切中主题呢?

母亲生命中的踏脚石(练习)

有一种替代(或补充)方式,可以用概括的笔触描绘母亲的故事。它基于"密集日记"发明者艾拉·普罗戈夫开发的日记技术,称为"踏脚石列表"。普罗戈夫用"踏脚石"一词来指主要的生命标识,尽管它们本身并不总是事件。踏脚石列表上的条目可以指有特定氛围或特质的整个生命周期。

普罗戈夫建议将踏脚石列表限制在 8 到 10 项,不超过 12 项,不必按时间顺序排列,甚至不必按重要程度排列。创建踏脚石列表,只要让这些标识出现在脑海中,并写下来。安静、接纳的状态会比穷思竭虑更有帮助。

记住这个指南,列出母亲生活中 8 到 12 个重要标识。

> ### 📝 母亲的来信（练习）
>
> 这是第三个发人深省的练习。写一封母亲给自己的信。不论你的母亲是否在世，不论你是否还和她保持着联系，都不要紧。想象一下，如果她能开诚布公，可能会对你说什么。信的内容可以针对你们的关系、某个问题、她对你的需求……任何你想到的、她可能没有说出来的话。做完这个练习后，请留意你的感受。

其他一些治疗方法也会提供母亲的视角。在格式塔治疗、角色扮演、心理剧、家庭系统排列中，你或其他人可能会进入母亲的视角，扮演她的角色，有时还是从更深的灵魂角度而不是从向外界展示的人格面具的角度。在一次替身体验中，一位"母亲"说自己是空的，给不出什么，看着女儿让她很痛苦，因为她意识到女儿还需要更多。

了解母亲的经历很重要，这有助于你不把她的行为过多归因于个人。比如，如果看到母亲在表达爱意方面的局限，你就会更容易摆脱自己不可爱的感觉。看到母亲完全没有指导人的经验，而且很可能自己也没得到任何指导，你就不会陷在失落和缺少庇护的感觉里。

我们越清晰地看见母亲，就越容易对她们产生同情。

你的故事

治疗师兼作家伊芙琳·巴斯夫写道:"培养对受伤母亲的同情并不意味着不尊重内在受伤小孩的痛苦。"[1] 母亲的故事只是完整画面的一部分,我们经历过的故事也是一个部分。

正如我在最后一章提到的,我们的故事并不总是完全发生在意识层面——尽管我们可以让它被意识到。就像在这章第一个练习中邀请你讲述母亲的故事,我现在邀请你把你的故事讲给别人听,也可以写在纸上。版本可长可短,缩略版本的优点是往往更容易看到主题。当你考虑自己整个人生经历时,最突出的是什么?

第一次叙述"我的故事"时,我很难从童年开始叙述。它太有感染力、太可叹、太悲伤了,我觉得很难从那里开始。我决定从十八岁离家的节点开始,让故事穿过现在,到达未来,于是这个故事让我笑了。我喜欢结局,能感受到自己的力量和治愈。我想,现在我可以回到童年,说出它的真相,而不再被那种让一切黯然失色的感受所困扰。

当你被治愈时,你的故事就改变了。当你更客观地理解为什么母亲那样失职时,当你承担起养育自己的责任,也从别人那里接受养育,并看到自己的需求得到满足时,你就改变了自己的人生。

●第三部分 治愈养育的创伤

你们之间的共舞

母亲的故事和你的故事的交集,创造了你们之间的舞步。记住这一点非常重要,有助于解释兄弟姐妹的体验为什么和我们的如此不同。兄弟姐妹有不同的敏感度、不同的需求、与母亲不同的匹配度。在其他条件相同的情况下,孩子的耐受力越强、匹配度越高,就越容易带。但其他条件也不可能相同。例如,十二个月大和六岁的孩子对母亲失去父母或配偶的悲痛会有不同的感受。所以每个孩子和母亲之间的共舞都是独一无二的。

- 哪些形容词可以描述你和母亲的关系?酷?对抗?有没有特别的冲突点?是肤浅的、强制性的吗?共舞中有亲密的时刻吗?如果有,你在那样的时刻有什么感受?你喜欢这种亲密吗,还是有点不舒服,很难完全接受?

审视母亲的一生时,我们可以使用"踏脚石"。现在让我们列出你和她关系的"踏脚石"清单。清单限8到12项,请注意关系中的主要标识。

评估可能性

你和母亲目前的关系可以和治愈养育创伤的旅程完全分开,这种观点可能会让人震惊。"只有她理解我的感受,弥补过去的错误,

14. 改写你的故事

我才能治愈自己的负担"这种想法是错的,会带来麻烦,原因有三:

- 你给了她控制你治疗进程的权力。你并不是需要她的协助才能进行疗愈。
- 如果仍然沉浸在悲伤、怨恨或愤怒中,你可能无法从一个开放的位置和母亲建立新的关系。对你来说,在困难的感受中取得一些进展是很重要的。
- 如果你和缺失母爱的内在小孩太融为一体,就无法评估她的能力。你需要自己强大的成年人部分来做这个,并为任何对抗或修复工作做准备。

考虑和母亲共舞的下一步时,重要的是问问自己想要什么,客观地评估可能性,并知道自己愿意承担什么样的风险。下面这些问题也许对你有帮助:

- 你想要的是什么?这里面有"应该"吗——比如,你应该接近母亲吗?暂时搁置这些"应该"会怎样呢?当你思考各种可能性时,有没有哪种可能性给你带来解脱的感觉?
- 如果情况永远不改善,那会怎样呢?
- 你认为母亲有什么样的能力可以建立更温暖、更真诚的关系?(可以用你在她的其他关系中看到的来支持这一点。)
- 从她的角度来看,你们之间理想的关系是什么样的?(代际和文化因素也在她的期待、欲望和能力中发挥作用。对她来说,亲密更多是节假日到场,还是分享感受、相互支持?)
- 你有什么能力可以和她在情感上更亲近?你的内在需要做出怎样

的改变？
- 你害怕这段关系会变得更真实吗？
- 如果她有时回应你的示好，有时又没有回应，你会有什么感受？
- 现在时机如何？你有相应的情感能量吗？她会关心你们的关系吗？

成年子女和母亲之间没有最佳关系模板。必须考虑到你的个性、能力、成长史、需求和现状。

保持礼貌但有距离的关系

和封闭、情感疏离的母亲在一起，似乎最常见的是只维持一种肤浅的关系。这种关系把接触减到最少，并停留在表面，从来没有也永远不会亲密。这适合那些不想伤害母亲或不想失去家庭联系的成年子女，只要保持情感上的距离，他们就不会主动受到伤害。

如果与令人反感、陷入困境或极度无助的母亲相处，以较少的接触进入边界更明显的关系可能是一种新方式，可以保护你不在这段关系中继续遭受伤害。这对母亲来说是某种程度的降级，因为这样就把她移出了你的核心圈子，而她在那个圈子里影响力太大。

加强边界

拥有保持边界的良好技巧可以让我们感受到，不需要为了关系而放弃自己。能够说"不",我们就可以更自由地说"是"。

和年老的母亲需要什么样的边界,取决于母亲的类型。让我们从无助的母亲开始。无助的母亲依靠成年子女来提供各种帮助。他们可能经常打电话寻求建议,但很少听从。他们想要的不是建议,而是联系。这些母亲在不断跨越成年子女的边界时,可能会感到愤怒。告诉她们不要在你工作时给你打电话,她们就会一次次地用一个接一个的风波来打扰你。

如果无助是母亲的名片,就可以使用劳森在《理解边缘型母亲》中对待"流浪者"的建议(见"她有心理疾病吗?")。劳森的建议是不断给出信息,表明妈妈能够也必须帮助自己。你可以说:"对不起,我帮不了你,我知道你可以自己解决这个问题。"不要让普通的无助和需求控制你,而要迫使她直接要求想要的东西。我认为这是一个很好的指导原则。当请求变得非常具体时,你可以决定是否满足它,而不是把自己卷入进去、解决母亲的所有问题。

对许多这样的母亲来说,重要的是要表明你不会被操控(内疚感是主要策略)并且不会允许入侵。劳森建议她的读者对不当行为要给予警告,并将合乎逻辑的自然举措坚持到底——就像对待孩子那样。

扮演女王角色的母亲则很不同。她在许多方面都比较脆弱,所以尽管你每次都需要指出她侵犯了你的边界,但必须非常小心地说出来。如果她觉得受到了责备,要小心点!对最危险的虐待型母亲——劳森所说的"女巫"、近乎报复性的自恋者,我也听到过类似的建议。请尽快离开战场，任何口头辩护或反击只会招来更多的虐待。这并不意味着必须装死，但你不需要用任何方式煽风点火。

和更无害的情感缺席的母亲在一起，你不必过于谨慎，但最好别在不必要的情况下增加对抗性。我有一个来访者，母亲住在离她30分钟车程的地方，她要求成年的女儿星期六带她去某个地方。当女儿学会说"星期六不行，但我可以在星期五下午带你去"时，她注意到，母亲似乎更尊重她了。我们是用自己的回应来教会别人怎样对待我们。

设置边界可以简单到说一句"我不方便"，你不需要解释，也不需要因为拒绝而感到不好意思。

边界可以带来完好无损的感觉，以及对生活的掌控感。你越能感受到能量边界，越清楚自己可以维持这些外在的行为界限，就越能在那些麻木不仁甚至实施虐待的人身边感到轻松、不受威胁。

设置边界往往是和侵入性的家庭成员分离的重要步骤。为自己发声对于建立自主感和权利感很重要。然而，如果你的家人不尊重这些边界，你需要准备好应对可能出现的伤害和愤怒。很不幸，你最需要与之建立边界的人，正是那些不习惯尊重他人的人，所以你得为必然出现的结果做好准备。当你告诉你妈妈，如果她继续大喊大叫你就要挂电话了，而她还在大喊大叫，你就必须挂断电话。

说出真相

我认识许多成年人,他们迫切希望母亲知道他们小时候是如何感到被抛弃、被误解、没被好好对待的。他们希望最终能说出自己感受到的真相。

有时候,说出你的真相和你想要的东西,能促进相互理解,让更多温暖在你们之间流动。如果做对了,正视问题就是一种邀约和亲密,是让另一个人进入你脆弱的内心。

我们中大多数人没有很好地练习过正视问题,往往会导向抱怨。他人对此的反应是防御性的,因为他们不愿觉得自己错了。与别人正视问题时,我经验中最好的方法是告诉他们如何取悦你,而不是用他们做错了什么来敲打他们。给他们一种能感觉良好的方式,摆脱丢脸的感觉,得到你的欢心。

不幸的是,不管你如何巧妙地陈情,最不爱孩子的母亲不能也不会听你说话。在治疗实践中,我看到当母亲不会向你靠近时是多么令人心碎。你可以大哭、恳求、提出建议,告诉她你需要什么,而你最多能得到这样的回应:"你今天过得不好吗?"你的感受和体验无法被接收,它们碰壁,然后弹了回来。在更糟的情况下,它们成为炮灰。

我发现大多数人都不明白我们的心理防御多么强。一个灵活的自我才能接纳让我们感觉不好的东西。在不健康的母亲那里,你得到的会是否认（事情没发生过）、最小化（没那么糟）、扮演受害者，或攻击。

选择说出你的真相时，你需要诚实面对自己的动机。是想带来治愈和亲密，还是掺杂或隐或现的愤怒，想要伤害母亲，就像她曾经伤害你一样？你站在心里的哪个位置，对结果至关重要。

不幸的是，如果你从内在小孩的角度接近母亲，她很可能会像小时候那样回应你。当然，你内在小孩真正想知道的是母亲对此感到抱歉，而且她很在乎你，但是把内在小孩带进正视问题的状态是很危险的，他可能会再次遭遇被抛弃或被攻击的创伤。最好让内在小孩在治疗中说话，那样他可以得到共情。如果你决定给母亲带来一些恼人的真相，就让"成年人"部分来做吧。

离开母亲

一些作者和治疗师在谈到离开一段关系时，会使用"离婚"一词。这个词用来形容剧烈冲突或缠结的关系，似乎比形容一开始就没有太多关系的情况更贴切。我能听到你们中的一些人在咕哝："离婚？我们从来没有在一起过！"

大量的个人治疗，以及多次想"让事情好起来"的尝试失败之后，离开这段关系通常被视为最后的手段。如果你不能让母亲尊重你的边界或停止伤害你，有时你需要离开，这样才能继续创造你想要的生活。

就像离婚一样，成功之前可能需要尝试很多次。正如《刻薄的母亲》一书作者佩格·斯特里普说的那样，当你的情感需求和一厢情愿的想法超过你所知道的事实（即母亲不能给你想要的东西）时，你可能会回到这种关系。

写到自己的经历时，她分享了一个极其重要的见解："直到几年后，我才意识到，母亲从未提出过和解，现在我明白了原因：我的缺席让她感到轻松。从她的角度来看，我是一面镜子，反映出她最大的恐惧和失败：作为母亲，她那爱无能的本性。我相信，对她而言，保守这个秘密，比和我在一起更重要。"[2]

畅销书作家苏珊·福沃德博士在《爱无能的母亲》中，建议那些想要离开这段关系的人写一封简短、直接的信给母亲，表明你再也不想联系她，具体包括以哪些方式，并要求她尊重你的愿望。这不是一封情绪化的信，不是陷入问题或埋怨，只是陈述生活的新事实。使用信件作为媒介可以让你避免直接的对峙和纠缠。我曾和不乐意写这种信的来访者一起工作，在反复强调边界设置后，只需停止对任何联系的回复就可以了。

离开母亲是很艰难的一步，尽管大多数人会为摆脱这种关系而感到轻松，但还是会内疚一段时间。你也许需要为再也不可能得到你想要的那种爱而哀悼，但这的确是个人独立的一步。

我多次听到的担忧是，这一变化将如何在大家庭中引发震荡。更自恋、更不健康的母亲会四处散播她对这个故事的扭曲版本，希望得到同情，并惩罚、诋毁离开她们的成年子女，这种情况并不少见。你无法控制母亲做什么。要放弃管理母亲或其他人的所想所感，的确很困难。母亲会做她想做的，而明眼人会从正确的角度看待。你也可以和那些最亲近的家庭成员分享你所做的事，当然，最好向他们保证不会把他们卷进来。其中几个也许能提供校验或支持。

感受内在的分离

如果母亲目前没有伤害我们，那么在切断关系的意义上离开母亲，可能不如在内心里和她分离重要。许多人虽然在关系中并不满意，但仍然消极地和母亲融合在一起。他们的内心仍然在斗争，仍在和母亲抗衡，被困在仿佛母亲无处不在、难以挣脱的感觉中。

对那些担心自己像母亲一样或困在母亲剧本里的来访者，我会让他们做一个练习，就是列出和母亲的不同之处。这会成为一张对比列表，对比的效果是揭示出"母亲和我是不一样的"——这常常是一个很大的宽慰。

从分离的地方，带着保护你免受入侵和纠缠的边界，你就能更自由地走向更治愈或至少更平和的关系。最重要的是，你会得到更多自我。

走向更健康的关系

我注意到，在我最初做访谈的群体中，如果和母亲的关系有所改善，通常是因为成年子女启动了这些变化。这似乎来自成年子女给母亲提供温暖的能力，而母亲在很大程度上并不能给孩子提供温暖。当这些被治愈的成年子女能理解母亲的局限性，原谅她，并愿意将母性纳入自己的生活时，这种改善就出现了。

畅销书《治愈的勇气》作者之一劳拉·戴维斯极大地拓展了我们对和解的理解。她后来写出了《我以为我们再也不会讲话了：从疏远到和解之路》，内容不仅涉及她跟母亲疏远 8 年之后的和解，还有她进行的 100 次访谈，这些访谈对象要么恢复了曾经断绝的关系，要么在不可能重新联结的情况下获得了内心的平静。我推荐这本好书，它有助于我们超越"推心置腹就会让事情变好"的观念，而将和解视为一个随着时间推移而发生的过程。其中常会遇到挫折，随着信任的重建而缓慢向前进展。戴维斯发现，对一些人来说，谈论过往的创伤是必需的，对另一些人来说则不然。

戴维斯说，她个人的疗愈是跟母亲和解的最关键因素。她克服了创伤，放下了。这种放下需要"获得自主权"，可以说，在这个过程中，你不再执着于结果，不再对母亲有任何需求。只有当你接受"我可能永远得不到道歉，母亲可能永远不知道我的体验，但我知道自己体验了什么，我对此很坚定，不需要她的认可。这是我来之不易的治愈，不是依靠她得到的"，这种状态才会出现。

戴维斯写道："当你渴望关系时，你就无法得到它。""你得放下，然后可能发现它从后门溜进来了。"

我见过这种"少翻旧账"带来的和解。朱莉的故事就是一个很好的例子。朱莉在自恋型母亲身边长大，母亲就像大多数自恋者一样，关注不到自己之外的事物。什么都跟母亲有关。朱莉和母亲的关系是上面提到过的"礼貌但疏远"。如果这段关系并没有给你留下空间，要靠近就会很难。

当朱莉的母亲被诊断出患有黑色素瘤以及晚年患病时，朱莉经常穿越大半个国家去帮忙照顾她。这些旅行起初是义务行为，但三四年之后，随着母亲向她示好，旅行变得更有意义了。当母亲第一次站起来并要求朱莉临走时拥抱她时，朱莉震惊了。"你是唯一一直为我守候的人。"母亲吐露道。也许我们会在操控情感的母亲那里听到这类话，但朱莉听到的是脆弱和真诚。在她们共渡难关的大背景下，朱莉将这话体验为"妈妈让我进入她的内心"。朱莉在现实层面帮助母亲的同时，也在聆听。越了解母亲早年被遗弃的经历，就越容易对这位垂死的老妇人产生同情。母亲变得更加脆弱时，朱莉感觉更安全，更能放下防备，变得开放。朱莉的开放让自己得到了感激。朱莉珍视的时刻是母亲说"你是我见过的最善良的人"。朱莉现在真的很怀念在母亲生命最后几年里所发现的那个母亲。

我该宽恕吗？

大多数人都会意识到一种宽恕自己所受伤害的"要求"。我们当然在宗教和道德教育中听到过这一点，在这些教义中，宽恕总是被视为"大道"。关于宽恕的社会支持如此之多,以至宽恕至少有助于别人对我们感觉良好。也许你已经注意到,很多人对你所受伤痛之深感到多么不适。他们希望,如果你能原谅,所有的一切都会烟消云散。

我们也可以为自己保留这种幻想。通过简单的宽恕行为来消除所有不良情绪的想法,听起来太容易了。

很不幸,这种方式似乎不起作用。正如苏珊·福沃德在《有毒的父母》中指出的那样,宽恕并没有给她的来访者带来任何重大或持久的变化,他们也没感到自己有任何好转。事实上,由于指责总要有地方去,如果内心是唯一可行的方向,它往往会向内转,从而让你对自己感觉更糟。

这就提出了一个问题:宽恕到底是什么?它从哪里来?是来自努力做一个好人吗?来自超越痛苦的强烈渴望吗?还是来自对现状的接纳?

我赞同这样的观点:与其说宽恕是我们做什么,不如说是当我们治愈自己后在特定情况下出现的东西。它是放下旧账,允许某人回到我们心中,而这通常是在我们解决了愤怒、伤害和失望之后。经历了所有这些,指责就停止了,我们只想做个了结。我们曾经耗在里面的情感,现在成了负担。我们要去做更有趣的事情。

另一些人则认为,宽恕来自恩典。不管怎样,当宽恕到来时,我们原谅的是有缺陷的人,他们因为自己的创伤做了非常糟糕的事。这并不是说他们的行为不要紧,也不是说他们没有错。宽恕就是简

● 第三部分 治愈养育的创伤

单地承认:"是的,你搞砸了,但我仍在心中为你留有位置。"

要让这成为可能,需要理解为什么人们会那样伤害你。劳拉·戴维斯解释说:"当我们接受另一个人的缺陷时,就会产生同情。我们不把他们的弱点看作针对我们的恶意,而是开始意识到它们的本质——人性的弱点。"[3](画重点。)

这是重大的转变,我们从这里启程。把人们对我们做的事看作恶意是很自然的想法,尤其对孩子来说。孩子们不足以理解这种伤人行为是因为对方的破碎。正是通过疗愈自己的破碎,我们看到获得健康和完整是多么艰难,忍受情感上的痛苦是多么艰难,我们是多么不完美。

戴维斯的书中另一个引人注目的地方是,一位母亲承认,当成年子女处境艰难并需要她时,她总是消失。她说:"我无法忍受看着你受伤。"把那些很自然被视为最无情的冷漠和自私的东西放到更大的背景下看:母亲是缺乏能力,而不是恶意的"我一点也不关心你"。

宽恕伴随着成熟,伴随着克服痛苦之后的敞开心扉。没错,有时天真的年轻人似乎没有经历这些就宽恕了,因为这是潜藏在所有人身上的一种能力。然而,宽恕越多,就越需要治愈,才能回到这种敞开心扉的状态。我的经验是,当宽恕来临时,它发生得很缓慢,并且你只有在回顾时才会注意到它。

或许这里有必要再澄清一次。经过克服的过程,你已经原谅了一个深深伤害你的人,但这并不能保证你再也不会回到原来的感受中去。比如，从创伤记忆中走出来，你可能会感到非常愤怒。这是当我们进入创伤文献所说的冻结状态或不动状态时压抑的天然的对抗/逃避反应。它是野生动物被天敌捕获时的反应。它在装死。被另一个人攻击时，很多时候，我们既不能逃跑也不能反抗，最好的方法就是瘫软下来，常常会分离——就是说，让"电影"停下来。但当这部电影重新开始时，当静止状态消失时，之前被压抑的东西就会再次出现。现在，作为战斗反应一部分的愤怒已经可以处理了。从生理学角度和心理学角度来看，这种愤怒都是自然发生的，是对侵犯行为的健康反应。

无论是就克服过去的创伤体验而言，还是因为某些内在部分经常分离，我们在任何时候都有可能和自己年幼的某个部分融为一体，它卡在过去，无法宽恕，尽管我们的成人自我已经做到某种程度的宽恕。

出于这些复杂的原因，围绕宽恕这一主题，保持开放、不固定的态度非常重要。

如果我没得到良好的养育，能成为好父母吗？

诚然，大多数情感忽视或虐待的父母会把他们经历过的糟糕养育方式传递下去，但这些年来，我一直很高兴地看到，那些经历糟糕养育方式的来访者成了多么好的父母。

选择不生孩子的女性中，大多数都是缺失母爱的人，担心自己

● 第三部分 治愈养育的创伤

不知道该怎么做。有时，她们担心会把孩子"养坏了"，就像感觉自己被养坏了那样。（但也不要忘记，有人选择不做父母还出于其他重要原因。）

对于有这种担忧的女性，我想说，你能做得不一样。首先，似乎有一种母性本能，如果不加以干预，它就会自然起作用。我知道女人对喷涌而出的好妈妈能量感到惊叹，当她们成为母亲时，这种爱会包围着她们。

其次，你可能比母亲更敏感，但是在好的方面。许多人做父母要比他们童年经历过的好得多，他们一开始就更加敏感，而且因为自己的经历，会更能同调。他们想让孩子得到自己缺失的东西。

再次，你可以学习，我鼓励你这样做。良好的养育需要对发育水平有很多了解，需要知道怎样应对上百种新情况。为什么不咨询专家呢？无论是作者、临床医生，还是那些经验丰富的父母或保姆。正如我在开头说的，这可能是地球上最重要的工作，所以寻求帮助不是理所应当的吗？

可以肯定的是，为人父母需要好好照顾自己，这样你就能保持清醒，而不是"自动驾驶"。"自动驾驶"时，更容易重复"家族传承"，做出一些我们曾发誓永远不会做的事。我们越能从功能失调的原生家庭中治愈，就越能解构那些旧的录影带。

我听过一种说法，认为给孩子那些你希望拥有的东西是在治愈自己，但事实并不总是这样。我已经提到过几次，提供那些会摩擦你受伤的地方、激活潜在痛苦的东西更难。我也见过很多女人把孩子照顾得很好，却没怎么疗愈自己身上和母亲有关的创伤。这在一定程度上是因为我们复杂的人格结构——被封装的受伤小孩部分不会自动被治愈，除非我们直接承担起养育它们的责任。成为自己孩子的好家长当然有助于发展健康的人格结构，但这远非全部。

虽然在这里我是直接对女性说话，但男性要成为好父亲也得如此。

拥抱你的进程 / 拥抱你自己

如果你在进行这项工作，如果你正在疗愈的旅途中，就知道这是一项艰苦的工作。这是重大的重建。我们在这么多层面进行自我改造，从边缘大脑的电路连接到我们的核心信念，从自我概念到与他人的关系，从我们胸中的焦虑，到爱、赚钱以及睡个好觉的能力。

这一过程很可能需要几年甚至几十年的时间。我不愿意这么说，担心你会太沮丧。但如果你认为这是一个很快的过程，可能也会感到沮丧。当然不会很快，我认识的人里没有一个能这么快地疗愈这种创伤。

因此，重要的是调整自己的步调，适当休息，能看到自己的进步并为之自豪。你不想像母亲一样，她从未看见过你的成就，更不要说为之庆贺了。

成长过程不是直线，而是螺旋上升。你会多次重复类似的问题。如果你经历了一个周期而没有变化，那就意味着你需要寻求更多的帮助，但也可能是需要哀悼失去的东西，为不公正感到悲伤，一次次去满足未满足的需求。现状不会永远持续。疗愈过程自有恩典，虽然好好哭一场不足以弥补压抑多年的悲伤，但它可以带你走得比想象中更远。

好妈妈明白，成长的道路并不平坦，孩子退却时，她不会羞辱、责骂孩子。对自己有这种慈悲和耐心很重要。我们正在尽己所能，而有些日子确实比其他日子更艰难。

治愈有尽头吗？

虽然疗愈的过程永远不会真正结束，但伤害会结束，自己是一个"没有母亲的孩子"的感受也会完全消失。疗愈没有尽头，是因为我们总在改变。一旦从过去中解脱出来，即便只是时间的流逝，也会改变我们的观点。因此，得到大部分治愈之后的一两年，我们的感受将会和十年后有所不同，那时，过去的感受更遥远了。

对于重大创伤，永远不会有仿佛没发生过的感觉。如果没有残留的过度敏感，伤口也会一直有关于创伤的记忆。但创伤的力量会随着疗愈而减弱，而我们对任何刺痛的反应也会发生变化。我们可以学会稍微转移注意力，问问内在小孩现在需要什么，而不是陷入被触发的童年情感。我们可以回应这些情感，而不是被困在其中。

随着创伤的疗愈，我们的身份认同也会慢慢改变。毕竟，我们的故事改变了，生活改变了，内在叙事也该发生变化了。就像有个人告诉我的,"伤口还在,但它不会操纵我的生活,不能定义我是谁"。

对那些能够得到好妈妈替代者照顾的人,或者那些能成为自己内在小孩的好妈妈的人,没有母亲的感受可以被得到良好养育的感受所取代。你会感到被爱、被支持、被关心。你不能回到过去重活一次,但你现在可以拥有你受之无愧的东西。正如小说家汤姆·罗宾斯所说:"拥有快乐的童年永远不会太晚。"

附录

三种母亲，三种信息：可视化的指导

为了了解不同类型的母亲对孩子的影响有多大，让我们来扮演三种类型的母亲：爱发脾气的母亲、情感缺席的母亲，以及好妈妈原型。你的第一个任务是安排这三个角色。以下几点可能会有所帮助：

对于第一个角色，我们都和爱发脾气的人相处过，所以应该不难想象。爱发脾气的人都很挑剔，容易被激怒，而且严厉。顺便说一句，爱发脾气的母亲符合第 7 章中描述的情感虐待型母亲的形象。而对于情感缺席的母亲，如果你妈妈就是这种，可以回忆一下，或者尽可能去想象。对于最后一个角色——好妈妈，你可能在生活中体验过滋养你的人，可以以此为模板。如果没有亲身经历过，你可以想想在电影中看到的慈母。

作为意象导引练习，这些方法最管用。需要在开始时让自己处

● 附录

于放松状态。你可以让人阅读这些说明，以便自己进入更深入的体验。或者把说明录下来然后播放，第三种方法则是在书本和内在体验之间来回转换。有些人只需阅读、闭上眼睛，就可以达到。

这个练习会带来一些强烈的感受，所以你可能要留点时间做事后反思。当然，也要确保环境中不会有任何干扰，所以请关掉手机，让其他人知道你至少有半个小时不在。每个问题后面要有足够的停顿来展开你的体验，而不感到匆忙。我们将从三个不同年龄的角度来想象每一种类型的母亲，首先是爱发脾气的母亲。

找一个能让你得到舒适支撑的位置，如果愿意，也可以躺下。做几次深呼吸，在每次呼气时感受身体的放松。享受这次给自己时间静下来带来的放松感受。如果舒服的话，可以把眼睛轻轻闭上。

这不是需要你做什么的练习，而是一个放松和跟随的机会，当你进入一种越来越深的放松和幸福状态时，让情感、意象和感觉来到你心里。

先从爱发脾气的母亲开始。关注任何跟这种母亲有关的感受和意象。好好体会她的能量。

想象你躺在有阳光的婴儿房或房间的毯子上。你大概六个月大了，听到背景里的鸟儿在歌唱。注意墙壁和毯子的颜色，以及房间的温度。妈妈进来喂你了。当她走近时，你有什么感受？她的声音是什么样的？她是怎样移动的？她怎样抱起你？和你有什么互动？你的身体有什么感觉？你的呼吸是怎样的？（长时间停顿）

现在想象你四到六岁，待在家里玩。你在做什么？她在做什么？她跟你玩吗？注意她的声音、动作和面部表情在传达什么。她在这里让你感觉如何？你的身体有什么感觉？现在注意你的内在状态。有什么样的想法、意象和感觉进入意识？有什么情绪？（长时间停顿）

及时前进到八到十岁。想象你在一个自己选择的环境中，母亲在不远处。你在做什么？母亲离你多远？让她和你一起在这个场景中感觉如何？注意身体的感受。

让自己暂时回到当下。你可能需要写下几句话来提醒自己这段体验。

现在我们要和情感缺席的母亲一起来经历这个过程。花点时间关注你对她的感受。

首先，想象自己六个月大时躺在有阳光的房间里。这位母亲是来喂你的。注意她和你互动的质量，尤其注意你的身体和情绪感受。这次和母亲在一起是怎样的？（长时间停顿）

现在想象一下，在四到六岁之间的任何年龄，你在家里玩，妈妈在不远处。你在做什么？她在做什么？她和你一起玩吗？注意她的声音、动作和面部表情在传达什么。她在这里让你感觉如何？你的身体有什么感觉？仔细关注你的内在状态。（长时间停顿）

及时前进到八到十岁。想象你在一个自己选择的环境中，母亲在不远处。你在做什么？母亲有多远？让她和你一起在这个场景中感觉如何？注意身体的感受。（停顿）

让自己回到当下，写下几句话来提醒自己这段体验。

● 附录

我们会和好妈妈一起经历最后一次。把自己放回婴儿房。当她走近时倾听她的声音。她发出了什么声音？她是怎么看你的？脸上有什么表情？注意她是如何伸手触摸你的，她的动作有哪些特质。注意她的触摸带来的感受，以及你对她的感受。你的身体有什么感觉？（长时间停顿）

现在想象一下，在四到六岁之间的任何年龄。你在家里玩，可以是你想在的地方，室内或室外。母亲也在。当你想和她互动时，她就在那里。她会怎么跟你玩？注意她的声音、动作和面部表情在传达什么。妈妈和你一起玩感觉如何？你的身体有什么感觉？现在仔细关注你的内在状态。（长时间停顿）

现在我们要和好妈妈一起再经历一个年龄段。这次你八到十岁。注意你在哪里、在做什么。母亲离你多远？她和你一起在这个场景中，你感觉如何？注意身体的感觉。

让自己回到当下，写下几句话来提醒自己这段体验。

你发现了什么？待在这些母亲身边各有什么感受？

通常，爱发脾气的母亲（以及其他爱发脾气的人）会让我们收紧肌肉，屏住呼吸，抑制自发性。我们所做的几乎每件事都可能是错的，所以在她们身边会更加压抑。"走在蛋壳上"这句话描述了许多人在这种性格的人周围会有什么感受。我们往往不愿意待在他们身边。

相比之下，我们喜欢待在有滋养功能的母亲身边，这能带出我们深情的一面。我们微笑、感到快乐，有很多的允许和支持去尝试新事物，去做傻事。

情感缺席的母亲经常让我们也感觉她不在场。人们可能会觉得和这种类型的母亲有距离、缺少联结，也更少在一起。如果想象和她在同一个场景中，你可能会变得更加严肃和孤独。有些人会发现自己很愤怒，想搞点大动作来引起她的注意。

母亲的基本性格倾向和能量会对孩子产生深远的影响，这一点还有什么可争议的吗？

注释

第二版导言

1.Robert Karen, PhD, **Becoming Attached: First Relationships and How They Shape Our Capacity to Love** (New York: Oxford University Press, 1998), p. 230.

第1章：母亲的养育

1. David J. Wallin, **Attachment in Psychotherapy** (New York: Guilford Press, 2007), n. 1, p. 24.

2. Diana Fosha, **The Transforming Power of Affect: A Model for Accelerated Change** (New York: Basic Books/Perseus Book Group, 2000), p. 64.

3. Ibid., p. 65.

4. Ibid.

5. 这个列表大部分是我的创作，尽管有一部分也出现在 Marjorie L. Rand 和 Diane Asay 的著作 **Body, Self & Soul: Sustaining Integration** (Atlanta: Humanics, 1985), pp. 207‑14. 此外，Pamela Levin 在她的著作 **Cycles of Power: A User's Guide to the Seven Seasons of Life** (Deerfield Beach, FL: Health Communications Inc., 1988 年及之后由 the Nourishing Company 自行出版) 中，对每个发展阶段都有类似的证实。她的证实首先发表

于早期著作：*Becoming the Way We Are: An Introduction to Personal Development in Recovery and in Life* (Berkeley, CA: self-published, 1974).

第2章：好妈妈的多个面貌

1. Harville Hendrix, PhD, and Helen Hunt, MA, MLA, *Giving the Love That Heals: A Guide for Parents* (New York: Pocket Books, 1997), p. 214.

第3章：依恋：最初的基石

1. 剖宫产和母婴依恋关系的裂痕有关。已经发现剖宫产的母亲"需要更长时间才能开始和婴儿互动，生产后对孩子的积极反应较少，在家里和他们的互动也较少。在一项研究中，剖宫产一个月后，母亲和婴儿的眼神接触要少得多。" Susan Kuchinskas, "The Mother/Baby Attachment Gap," retrieved from www.hugthemonkey.com/2006/10/the_motherbaby_.html on April 25, 2008.

2. 这是基于一项孕期催产素水平（有时称为爱情激素）的研究，结果显示，催产素水平较高的母亲"注视婴儿的时间更长，亲热地抚摸婴儿，在和婴儿互动时有积极的表情，而且，与怀孕期间催产素水平较低的母亲相比，她们查看婴儿的频率更高。" Miranda Hitti, "Hormone May Help Mom and Baby Bond: Pregnancy Levels of the Hormone Oxytocin May Influence Mother-Child Bonding," *WebMD Medical News*, October,16,2007,retrieved from webmd.com/parenting/baby/news/20071016/hormonemay-help-baby-bond on April 25,2008.

3. 这在一些患有严重感官和神经问题的婴儿身上得到了改进，原先的问题会干扰他们展示依恋行为的能力。通过正确的干预，可以克服这些差异，而母亲的行为再次成为关键因素。

4. Allan Shore, reported in Sue Gerhardt, *Why Love Matters: How Affection Shapes a Baby's Brain* (New York: Brunner-Routledge, Taylor & Francis Group, 2004), p. 41.

5. Mario Mikulincer and Phillip R. Shaver, *Attachment in Adulthood: Structure, Dynamics, and Change* (New York: Guilford Press, 2007), p. 38.

6. Karen, *Becoming Attached*, p. 238.

7. Susan Anderson, *The Journey from Abandonment to Healing* (New York: Berkeley Books, 2000), pp. 77 - 78.

8. Daniel J. Siegel, "Toward an Interpersonal Neurobiology of the Developing Mind:

●附录

Attachment Relationships, 'Mindsight,' and Neural Integration," *Infant Mental Health Journal* 22, no. 1: p. 77 (citing Cassidy and Shaver, 1999).

9. Wallin, *Attachment in Psychotherapy*, p. 22.

10. Ruth P. Newton, PhD, citing 2005 research by L. A. Sroufe, B. Egeland, E. Carlson, and W. A. Collins, in *The Attachment Connection: Parenting a Secure and Confident Child Using the Science of Attachment Theory* (Oakland, CA: New Harbinger Publications, 2008), p. 27.

11. Shirley Jean Schmidt, MA, LPC, citing Siegel, "Toward an Interpersonal Neurobiology," in *The Developmental Needs Meeting Strategy* (San Antonio: DNMS Institute, 2006), p. 17.

12. Siegel, "Toward an Interpersonal Neurobiology," p. 77.

13. Gerhardt, *Why Love Matters,* pp. 65–79.

14. 详细说明这一点的书籍往往技术性很强。作者包括 Allan Schore, PhD, and Daniel J. Siegel, MD。相关研究方面最有可读性的书见 *Why Love Matters* by Sue Gerhardt。

15. Gerhardt, *Why Love Matters*, pp. 38, 44.

16. 对中产阶层儿童的研究显示，不安全依恋比例较低，30%左右；而对所有美国儿童的调查则接近38%。Karen, *Becoming Attached*, pp. 220, 224.

17. Ibid., p. 329.

18. Ibid., pp. 156, 373, reporting on both Ainsworth and Main.

19. Gerhardt, *Why Love Matters*, p. 93.

20. Mary Main, reported in Karen, *Becoming Attached*, p. 224.

21. Fosha, *Transforming Power of Affect*, p. 52.

22. Kathryn Black, *Mothering Without a Map*, (New York: Penguin Books, 2004), p. 64.

23. Karen, *Becoming Attached*, p. 387.

24. 这是依恋理论先驱约翰·鲍尔比（John Bowlby）发现的一种模式。

25. Malcolm L. West and Adrienne E. Sheldon-Keller, *Patterns of Relating: An Adult Attachment Perspective* (New York: Guilford, 1994), p. 75.

26. Newton, citing 1999 research by Belsky in *Attachment Connection*, p. 29.

27. Main and Hesse, 1990, cited in Siegel, "Toward an Interpersonal Neurobiology," p. 78, 在其他地方也有描述。

28. Newton, *Attachment Connection*, p. 30.

29. Siegel, "Toward an Interpersonal Neurobiology," p. 78.

30. Daniel J. Siegel, "Attachment and Self-Understanding: Parenting with the Brain in Mind," in *Attachment and Human Survival*, ed. Marci Green and Marc Scholes (New York: Karnac, 2004), p. 34.

31. Joan Woodward, "Introduction to Attachment Theory," in *Attachment and Human Survival*, ed. Marci Green and Marc Scholes (New York: Karnac, 2004), p. 16.

32. Newton, *Attachment Connection*, p. 30.

33. Ibid.

34. Siegel, "Attachment and Self-Understanding," p. 29.

35. Gerhardt, *Why Love Matters*, p. 147.

36. Fosha, *Transforming Power of Affect*, p. 54.

37. 这些条目来自各种量表和描述，包括成人依恋类型的测量，Hazan and Shaver (1987) found in Mikulincer and Shaver, *Attachment in Adulthood*.

38. Karen, *Becoming Attached*, p. 227.

39. Ibid., p. 228.

第4章：更多模块

1. 正如戴安娜·福沙指出的那样，"焦虑是对照顾者不易得或无反应的一种反应，其根源在于面对心理危险时的孤独感。" *Transforming Power of Affect*, 47. 同一本书中之前的内容支持了这一点："正如安全感起源于和易得、响应的照顾者的安全依恋关系（Bowlby, 1988; Sandler, 1960），焦虑和焦虑引发的防御机制……源于和不易得、无响应的照顾者的依恋关系。" pp. 39–40.

2. Michael St. Clair, *Object Relations and Self Psychology: An Introduction*, second edition (Pacific Grove, CA: Brooks/Cole Publishing, 1996), p. 79.

3. Ashley Montagu, *Touching: The Human Significance of the Skin*, third edition (New York: Harper Paperbacks, 1986), p. 126.

第5章：妈妈，你在哪儿？

1. Karen, *Becoming Attached*, p. 340.

2. Ibid., p. 339.

3. Daniel N. Stern, MD, *Diary of a Baby* (New York: HarperCollins/Basic Books,

● 附录

1990), p. 61.

4. Black, *Mothering Without a Map*, p. 60.

5. Stern, *Diary of a Baby*, p. 62.

6. T. Berry Brazelton, MD, and Bertrand G. Cramer, MD, *The Earliest Relationship: Parents, Infants, and the Drama of Early Attachment* (Reading, MA: Addison-Wesley/A Merloyd Lawrence Book, 1990), p. 109.

7. Gerhardt, *Why Love Matters*, p. 124 (citing research).

8. Ibid., p. 21.

9. Brazelton and Cramer, *The Earliest Relationship*, p. 110.

10. 我不在早期干预领域工作，这一领域可能有一些例外。如果婴儿患有神经或感觉障碍，母亲和婴儿通常需要干预，以帮助婴儿建立依恋关系。

第6章：和情感缺席的母亲一起生活

1. Rose-Emily Rothenberg, "The Orphan Archetype," in *Reclaiming the Inner Child*, ed. Jeremiah Abrams (Los Angeles: Tarcher, 1990), p. 92.

第7章：童年情感忽视和虐待

1. Catherine Robertson Souter, "Psychologist Examines 'Childhood Emotional Neglect,'" *New England Psychologist*, March 1, 2015, nepsy.com/articles/leading-stories/psychologist-examines-childhood-emotional-neglect.

2. "Childhood Psychological Abuse as Harmful as Sexual or Physical Abuse," American Psychological Association press release, October 8, 2014, apa.org/news/press/releases/2014/10/psychological-abuse.aspx.

3. Centers for Disease Control and Prevention, "About the CDC-Kaiser ACE Study," cdc.gov/violenceprevention/acestudy/about.html.

第8章：母亲出了什么问题？

1. Fosha, *Transforming Power of Affect*, pp. 54–55.

2. Lindsay C. Gibson, PsyD, *Adult Children of Emotionally Immature Parents: How to Heal from Distant, Rejecting, or Self-Involved Parents* (Oakland, CA: New

Harbinger Publications, 2015).

3. Christine Ann Lawson, PhD, *Understanding the Borderline Mother* (Northvale, NJ: Jason Aaronson, Inc., 2000), p. 9.

4. Ibid.

5. Diane Dweller, *Mom, Mania, and Me* (Tucson, AZ: Writing Ink, 2017).

第 9 章：治愈的过程

1. John Bradshaw, *Homecoming: Reclaiming and Championing Your Inner Child* (New York: Bantam, 1990), p. 75.

2. Ibid., p. 78.

3. Gibson, *Adult Children of Emotionally Immature Parents*, p. 41.

第 10 章：和"好妈妈的能量"联结

1. Dennis L. Merritt, PhD, "Brief Psychotherapy: A Jungian Approach," retrieved from dennismerrittjungiananalyst.com/Brief_Psychotherapy.htm on June 24, 2008.

2. Anderson, *Journey from Abandonment*, p. 76.

第 11 章：聚焦内在小孩的治愈工作

1. 我相信弗洛伊德用过，当然他的学生西奥多·莱克也这么做了。此外，诗人威廉·华兹华斯和杰拉德·曼利·霍普金斯在 19 世纪也做过，最近它被用作歌曲、专辑，甚至电视节目的标题。

2. Cited in Bradshaw, *Homecoming*, p. 205.

3. Nancy J. Napier, *Recreating Your Self: Help for Adult Children of Dysfunctional Families* (New York: W. W. Norton, 1990), p. 151.

第 12 章：心理治疗：母亲的议题和母职的需求

1. Edward Z. Tronick, "Dyadically Expanded States of Consciousness and the Process of Therapeutic Change," *Infant Mental Health Journal* 19, no. 3 (1998): pp. 290–99.

2. "Donald Winnicott," retrieved from en.wikipedia.org/wiki/Donald_Winnicott on

● 附录

April 12, 2008.

3. Wallin, *Attachment in Psychotherapy*, p. 121.

4. Ibid., p. 119.

5. Soonja Kim, "Sweet Re-Mothering for Undermothered Women," first published in **Open Exchange Magazine** and retrieved from the author's Web site, motheringwomen. com on January 27, 2017.

6. Ibid.

7. Ibid.

8. dianepooleheller.com.

9. "David Wallin's Schedule of Upcoming Public Presentations, Workshops, and Conferences," davidjwallin.com/calendar.cfm.

10. "Workshop Overview: Therapist Training," Web site of Dr. Karyl McBride, willieverbegoodenough.com/workshop-overview-therapist-training.

第 13 章：更多的治疗步骤和实操技巧

1. Jean Illsley Clarke and Connie Dawson, *Growing Up Again: Parenting Ourselves, Parenting Our Children* (Center City, MN: Hazeldon, 1999), p. 8.

2. Bradshaw, *Homecoming*, p. 71.

3. Ibid., p. 72.

4. Gerhardt, *Why Love Matters*, p. 26.

5. Jett Psaris, PhD, and Marlena S. Lyons, PhD, *Undefended Love* (Oakland, CA: New Harbinger, 2000), p. 141.

6. 在 rickhanson.net，你会发现各种各样的项目，还可以订阅其简报。

7. Rick Hanson, "Taking in the Good," Greater Good Science Center, November 1, 2009, greatergood.berkeley.edu/article/item/taking_in_the_good.

8. Alex Korb, PhD, "The Grateful Brain: The Neuroscience of Giving Thanks," *Psychology Today*, November 20, 2012, psychologytoday.com/blog/prefrontal-nudity/201211/the-grateful-brain; "Thanks! The Beneficial Effects of Expressing Gratitude," Positive Psychology Program, March 23, 2014, positivepsychologyprogram. com/beneficial-effects-expressing-gratitude.

第 14 章：改写你的故事

1. Evelyn Silton Bassoff, PhD, *Mothering Ourselves: Help and Healing for Adult Daughters* (New York: Dutton/Penguin Group, 1991), p. 175.

2. Peg Streep, *Mean Mothers: Overcoming the Legacy of Hurt* (New York: William Morrow, 2009), p. 28.

3. Laura Davis, *I Thought We'd Never Speak Again* (New York: HarperCollins, 2002), p. 213.

资源

治愈养育创伤

《爱无能的母亲：女儿们的治疗指南》（*Mothers Who Can't Love: A Healing Guide for Daughters*）

苏珊·福沃德（Susan Forward）博士和唐娜·弗雷泽·格林（Donna Frazier Glynn）（New York: Harper Collins, 2013）

通过大量的案例描述，福沃德博士刻画了五类有害的母亲、这些母亲对孩子的影响，并为成年人管理难相处的母亲提出了建议，以及自我照顾的建议，包括和受伤的内在小孩一起工作。

《刻薄的母亲：克服伤害的传承》（*Mean Mothers: Overcoming the Legacy of Hurt*）

佩格·斯特里普（Peg Streep）（New York: William Morrow, 2009）

一本研究资料翔实的书籍，包含在治疗环境之外收集的感人故事。

《难相处的母亲：理解并战胜她们的强权》(*Difficult Mothers: Understanding and Overcoming Their Power*)

特里·阿普特（Terri Apter）(New York: W. W. Norton & Company, 2013)
描述了几种难相处的母亲，并提出了建议。

《不成熟的父母》(*Adult Children of Emotionally Immature Parents: How to Heal from Distant, Rejecting, or Self-Involved Parents*)

琳赛·C. 吉布森（Lindsay C. Gibson, PsyD）(Oakland, CA: New Harbinger, 2015)
描述了情感不成熟的特点，并提出了和这类父母打交道的策略。

《在空无中奔跑：克服童年情感忽视》(*Running on Empty: Overcome Your Childhood Emotional Neglect*)

乔尼斯·韦伯博士和克里斯汀·穆塞洛（Jonice Webb, PhD, with Christine Musello, PsyD）(New York: Morgan James, 2013)
描述了忽视孩子的父母类型、情感忽视的影响，以及聚焦感受的自助策略，有很多案例故事。

《给石孩子温暖：关于遗弃和孤儿的神话故事》(*Warming the Stone Child: Myths and Stories About Abandonment and the Unmothered Child*)

克拉丽莎·平可拉·伊斯特斯博士（Clarissa Pinkola Estés, PhD）(Louisville, CO: Sounds True [audiobook], 2004)
荣格治疗师、畅销书作者、诗人伊斯特斯博士是一位讲故事能手，许多人会发现这本有声书很迷人，主要是关于没有母亲的孩子对指导的需求。

《我是母亲的女儿：在还来得及的时候与妈妈和好》(*I Am My Mother's Daughter: Making Peace with Mom—Before It's Too Late*)

艾里斯·克拉斯诺（Iris Krasnow）(New York: Basic Books, 2006)
主要是关于成年女儿修复和母亲的关系，包括大量的采访。

注：有许多书（常常是电子书）是功能障碍母亲的回忆录。我没有列出来，但查找网上

● 附录

零售商，会很容易找到。

边缘型父母

《理解边缘型母亲：帮助孩子超越紧张、不可预测和不稳定的关系》（*Understanding the Borderline Mother: Helping Her Children Transcend the Intense, Unpredictable, and Volatile Relationship*）

克里斯汀·安·劳森博士（Christine Ann Lawson, PhD）（Northvale, NJ: Jason Aaronson, Inc., 2000）

除了描述边缘型人格，劳森还描述了四种类型的边缘型母亲，详细说明了每一种类型的影响，并提供了应对指南。

《挺过边缘型父母：如何治愈童年创伤并建立信任、边界和自尊》（*Surviving a Borderline Parent: How to Heal Your Childhood Wounds and Build Trust, Boundaries, and Self-Esteem*）

金伯利·罗斯和弗雷达·B. 弗里德曼（Kimberlee Roth and Freda B. Friedman）（Oakland, CA: New Harbinger, 2004）

对如何克服在患有边缘型人格障碍的父母身边长大受到的破坏性影响，提供了有用的信息和指导。

自恋的父母

《母爱的羁绊》（*Will I Ever Be Good Enough?: Healing the Daughters of Narcissistic Mothers*）

卡瑞尔·麦克布莱德博士（Dr. Karyl McBride, PhD）（New York: Atria/Simon & Schuster, 2009）

组织得很好的书，内容是关于识别自恋的母亲、作为成年人使用方法来应对她。

《自私的父母》(Children of the Self Absorbed: A Grown-up's Guide to Getting over Narcissistic Parents)

妮娜·W.布朗(Nina W. Brown, EdD, LPC)(Oakland, CA: New Harbinger, 2nd edition, 2008)

本书在描述了自恋及其对儿童的影响之后,着重于治疗策略,包括NPD测试,以及评估和母亲分离程度的有用量表。

daughtersofnarcissisticmothers.com:
许多读者会发现这是一个很好的信息来源。

达努·莫里根(Danu Morrigan)创建了这个网站,后来写了《不是你疯了——是你母亲:对自恋母亲的女儿的理解和治疗》(You're Not Crazy—It's Your Mother!: Understanding and Healing for Daughters of Narcissistic Mothers)(London: Darton, Longman & Todd Ltd, 2012),只有Kindle版本。

内在小孩

《内在小孩的治愈:释放内在自我的公认方法》(Recovery of Your Inner Child: The Highly Acclaimed Method for Liberating Your Inner Self)

露西雅·卡帕席恩博士(Lucia Capacchione, PhD)(New York: Simon & Schuster, 1991)

实用、引人入胜、温暖人心,这本指南将帮助你和内在小孩工作,包含四十多个练习。

《回归内在:与你的内在小孩对话》(Homecoming: Reclaiming and Healing Your Inner Child)

约翰·布拉德肖(John Bradshaw)(New York: Bantam, 1992)

和受伤的内在小孩一起工作的指南,除了对这一过程的一般描述,还包括发展阶段和每个阶段的需求。布拉德肖的作品也有视频及有声读物,可以在网上找到。

● 附录

《与自己和解：治愈你内心的内在小孩》（Reconciliation: Healing the Inner Child）

一行禅师（Thich Nhat Hahn）（Berkeley, CA: Parallax Press, 2006）
喜欢一行禅师的人或佛教徒会欣赏他投注给受伤内在小孩的慈悲。

依恋，早年生活

《母爱决定命运：爱如何塑型婴儿的大脑》（Why Love Matters: How Affection Shapes a Baby's Brain）

苏·格哈特（Sue Gerhardt）（New York: Routledge, 2nd edition, 2014）
这本书使关于依恋的神经科学最新发现变得容易理解。强烈推荐。

《依恋：最初的关系及其如何塑造我们爱的能力》（Becoming Attached: First Relationships and How They Shape Our Capacity to Love）

罗伯特·卡伦（Robert Karen, PhD）（New York: Oxford University Press, 1998）
一本引人入胜、写得很好的书，详细介绍了依恋研究的历史和观点，更适合专业人士。

《没有指南的养育：寻找内在的好妈妈》（Mothering Without a Map: The Search for the Good Mother Within）

凯瑟琳·布莱克（Kathryn Black）（New York: Penguin, 2005）
对于那些缺失母爱、做了母亲或考虑成为母亲的女性而言，这是一本很好的书。它包括对成长过程中没有得到足够养育的女性的访谈，和对依恋研究的回顾。雅虎讨论组：groups.yahoo.com/group/ mothering_without_a_map。

《重新长大：养育自己，养育我们的孩子》（Growing Up Again: Parenting Ourselves, Parenting Our Children）

琼·伊尔斯利·克拉克和康妮·道森（Jean Illsley Clarke and Connie Dawson）（Center City, MN: Hazelden, 2nd edition, 1998）

这是一本相对较短的自助书，写作风格简单、直接，对养育缺失的人可能会有帮助。

依恋，伴侣关系

《读懂恋人心》（*Attached: The New Science of Adult Attachment and How It Can Help You Find—and Keep—Love*）

阿米尔·莱文和雷切尔·海勒（Amir Levine, MD, and Rachel Heller, MA）（New York: TarcherPerigee, 2012）

关注两种不安全依恋类型，以及安全依恋；帮助你识别自己和伴侣的依恋类型，为解决冲突和走向健康提供指导。注：许多受到更严重情感虐待和忽视的人可能会是混乱型的依恋风格，并不包含在这本书中。

《你的 Ta 在想什么：如何了解伴侣的大脑和依恋风格，化解冲突，稳定感情》（*Wired for Love: How Understanding Your Partner's Brain and Attachment Style Can Help You Defuse Conflict and Build a Secure Relationship*）

斯坦·塔特金（Stan Tatkin, PsyD, MFT）（Oakland, CA: New Harbinger, 2012）

这本书从神经科学、依恋理论、情绪调节的角度，提出了可以改善关系的十个指导原则。

《不安全的爱：焦虑型依恋如何让你感到嫉妒、贫乏和忧虑，以及你能做些什么》（*Insecure in Love: How Anxious Attachment Can Make You Feel Jealous, Needy, and Worried and What You Can Do About It*）

莱斯利·贝克尔-菲尔普斯（Leslie Becker-Phelps, PhD）（Oakland, CA: New Harbinger, 2014）

关注伴侣关系中的焦虑型（迷恋型）依恋风格，并用富有同情心的自我意识和人际技巧来改善关系。

● 附录

《依恋与亲密关系：伴侣沟通的七种EFT对话》（*Hold Me Tight: Seven Conversations for a Lifetime of Love*）

苏珊·约翰逊（Sue Johnson）（Little, Brown and Company, 2008）

苏珊·约翰逊是情绪取向伴侣治疗学派的创建者。本指南是治疗（也可能是替代）的辅助工具，指导夫妻如何处理在伴侣关系中发生的常见冲突，识别深层的依恋需求。

《从放弃到疗愈的旅程：从失去爱的五个阶段中幸存并恢复》（*The Journey from Abandonment to Healing: Surviving Through and Recovering from the Five Stages That Accompany the Loss of Love*）

苏珊·安德森（Susan Anderson, CSW）（New York: Berkeley Books, revised and updated edition, 2014）

一本富有洞察力的书，讲述了我们的依恋需求是如何影响亲密关系的，以及当这种关系失败、被抛弃的创伤被激发之后的痛苦历程。

自我评估

你在网上能找到各种各样的测试，从依恋风格到情感忽视、人格障碍，再到非正式的状态判别（比如高度敏感的人）。有些自我评估的方法比另一些更可靠。记住，许多状态是重叠的。如果你有结果的话，把它带给你的治疗师。

致 谢

每本书，就像孩子一样，都需要一个好家庭。我深深感谢马修·洛尔和 The Experiment 出版社提供了如此舒适的家和如此专业的照料。2016 年当他们邀请我着手扩展这本书的内容时，我非常兴奋。在第一版成形以来的八年里，我学到了很多东西，非常荣幸有机会在第二版中分享更多知识。感谢巴蒂亚·罗森布拉姆通过"成为一本书"的流程给予新版本指导，感谢安娜·潘基文通过各种译本和有声读物帮助它获得更大的影响力。

多年来，我有幸聆听许多人和我分享自己的内在生命，包括他们童年时的快乐和失望。感谢跟我分享故事的来访者、学生和朋友，感谢那些慷慨付出时间为本书接受采访的人。愿你们的苦难和来之不易的教训在这段旅程中丰富他人的人生。在两个版本之间的这些年里，我通过和来访者工作而成长，我向那些选择和我合作的人致

● 附录

以崇敬和感激。你们教导了我、启发了我,谢谢你们!

感谢为第一版提供帮助的人:莎拉·琳恩·斯威夫特、薇洛·阿利纳和贝特西·卡布利克,他们提供了宝贵的见解和反馈;感谢拉吉·拉曼的编辑建议;感谢安伯·瓦洛顿为最初的在线支持小组(现已停止)提供了热情和帮助。

最后,我将永远深深地感激康斯坦兹·哈克,他是我多年来的治疗师,为我提供了一段"好妈妈"的体验,帮助我内心那个甜美的小孩成长、浮现,他耐心、胜任地引导我穿越了疗愈的过程。